矿井采动覆岩涌水溃砂
致灾机理及防治

Disaster Mechanism and Prevention of Water and Sand
Inrush Across Mining-Induced Roof Fractures

王海龙　郭惟嘉　孙熙震　贾传洋　宋小园　张贵彬　著

国家自然科学基金青年基金项目 (5170415
山东省自然科学基金项目 (ZR2017BEE001，ZR2019BEE013，ZR201 E018)

U0220722

科学出版社

北 京

内 容 简 介

本书系统介绍了作者在矿井采动覆岩涌水溃砂致灾机理及防治方面的成果。在全面深入调研采动覆岩变形破坏及裂隙发育特征、涌水溃砂机理及安全开采现状的基础上，分析了涌水溃砂灾害的发生条件，构建了采场覆岩垮裂力学模型，建立了考虑水砂耦合作用的涌水溃砂发生的判据；通过自主研发的系列试验系统，分别对大粒径破碎岩石承压变形特性、采动覆岩裂隙水砂运移和突涌特征、采动覆岩涌水溃砂灾害演化特征进行了研究；从减小采动覆岩破坏程度和降低含水砂层初始水头压力两方面，对采动覆岩涌水溃砂灾害防治技术进行了介绍。

本书可供采矿、地下工程、交通、土木工程等领域的科技工作者、现场工程人员和高等院校师生参考。

图书在版编目(CIP)数据

矿井采动覆岩涌水溃砂致灾机理及防治 = Disaster Mechanism and Prevention of Water and Sand Inrush Across Mining-Induced Roof Fractures / 王海龙等著. —北京：科学出版社，2020.7

ISBN 978-7-03-062961-6

Ⅰ. ①矿… Ⅱ. ①王… Ⅲ. ①煤矿-灾害防治-研究 Ⅳ. ①TD7

中国版本图书馆CIP数据核字(2019)第252249号

责任编辑：刘翠娜　崔元春 / 责任校对：彭珍珍
责任印制：吴兆东 / 封面设计：无极书装

*科学出版社*出版
北京东黄城根北街 16 号
邮政编码：100717
http://www.sciencep.com

北京厚诚则铭印刷科技有限公司 印刷
科学出版社发行　各地新华书店经销

*

2020年7月第 一 版　开本：720×1000 1/16
2020年7月第一次印刷　印张：12
字数：260 000

定价：118.00元
(如有印装质量问题，我社负责调换)

前　言

　　煤炭作为我国的主体能源，2017 年在一次能源消费结构中占到 60.7%。受能源资源禀赋的约束，在未来相当长的时期内，煤炭的主体能源地位依旧不可撼动，而且随着煤炭用途的不断扩展，煤炭的战略地位必将更加凸显。但由于多年高强度、欠规划的开采，开采条件优越的煤炭已经接近枯竭，中国煤矿已经进入了特殊开采时代。

　　华北型煤田作为我国的煤炭主产区，在国民经济发展中做出了巨大的能源贡献。华北型煤田煤系地层多被厚度为 60～500m 的新生界厚-巨厚松散层所覆盖，受煤矿井下采动影响，上覆岩层裂隙如若导通赋存于其中的含水层，极易诱发涌水溃砂灾害，给井下安全生产带来很大威胁。为此，在矿井开采设计初期，尤其是一些较老矿井，为了避免涌水溃砂事故的发生，常常保守地留设较大的防水煤柱，一般为 50～100m，这造成了煤炭资源的极大浪费。因此，探索松散含水层下采动涌水溃砂灾害发生的条件和机理，研究不留或少留煤柱安全采出此类煤炭资源，成为当前煤矿生产建设中一项迫切需要的、具有长远和现实意义的重要课题。

　　本书是矿井采动覆岩涌水溃砂致灾机理及防治研究成果的总结和概括，共分为 6 章：第 1 章为绪论，重点介绍采动覆岩变形破坏及裂隙发育特征、采动覆岩涌水溃砂机理及安全开采；第 2 章为覆岩涌水溃砂灾害的发生条件及力学机制，在分析涌水溃砂灾害的发生条件的基础上，构建采场覆岩垮裂力学模型，建立了考虑水砂耦合作用的涌水溃砂发生的判据；第 3 章为破碎岩石承压变形时间相关性试验研究，研究了破碎岩石承压变形特性及机制；第 4 章为水砂突涌试验系统研制及试验研究，介绍了水砂突涌试验系统组成，研究了水砂流量和含水砂层底部水压变化特征；第 5 章为采动覆岩涌水溃砂灾害模拟试验系统研制及试验研究，介绍了采动覆岩涌水溃砂灾害模拟试验系统组成，研究了覆岩变形破坏、裂隙发育扩展、水砂通道形成及水砂突涌参数和特征；第 6 章为采动覆岩涌水溃砂灾害防治技术，从减小采动覆岩破坏程度和降低含水砂层初始水头压力两方面，对采动覆岩涌水溃砂灾害防治技术进行介绍。

　　本书同时参考和借鉴了诸多专家和学者的研究成果，在此深表感谢。由于作者水平有限，以及矿井特殊开采的复杂性，许多成果的研究深度不够，难免存在不足之处，敬请读者批评指正。

著　者

2019 年 6 月于临沂

目　　录

第1章 绪 论

1.1 研 究 意 义

受能源资源禀赋的约束,煤炭在我国的主体能源地位依旧不可撼动,2018 年 1 月 16 日中国石油集团经济技术研究院发布了《2017 年国内外油气行业发展报告》,2017 年我国能源消费结构中煤炭占比虽有所下降,但仍然高达 60.7%,如图 1.1 所示。2018 年 3 月 27 日中国煤炭工业协会发布了《2017 煤炭行业发展年度报告》,2017 年全国原煤产量自 2014 年以来首次出现恢复性增长,全年原煤产量 35.2 亿 t,同比增加 1.1 亿 t,增长 3.3%[①]。2006～2017 年全国煤炭产量如图 1.2 所示。

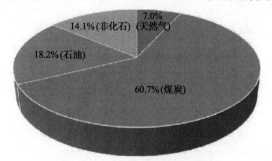

图 1.1 2017 年我国能源消费结构

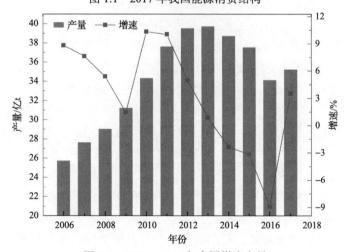

图 1.2 2006～2017 年全国煤炭产量

_____

① 此数据来自行业报告。

　　煤炭作为一种不可再生资源，不是取之不尽，用之不竭的。据德国联邦地球科学和自然资源研究所统计，以现有的开采技术和装备水平，截至 2018 年，我国煤炭资源探明剩余的可采储量约为 1388.19 亿 t，以现有的储量和消费水平仅够使用约 40 年。我国华北型煤田多为隐伏式煤田，煤系地层均被新生界厚-巨厚松散层所覆盖，其厚度通常为 60～500m。一般情况下，松散层由多个含水层和隔水层组成，其中"底含"是浅部煤层开采的直接充水水源。在矿井开采设计初期，尤其是一些较老矿井，为了避免涌水溃砂事故的发生，常常保守地留设较大的防水煤柱，一般为 50～100m，部分典型矿井防水煤柱留设情况见表 1.1。据不完全统计，仅鲁豫皖苏四省煤矿留设的松散层防水煤柱就多达 50 亿 t，造成了煤炭资源的极大浪费。这类煤炭资源一般具有埋藏浅、勘探程度高、生产系统完备、开采成本较低等突出优势。随着矿井可采储量的减少，越来越多的老矿井将此类受松散含水层威胁的浅部煤层开采作为矿井延长服务年限、挖潜革新的首选目标。

表 1.1　部分典型矿井防水煤柱留设情况

矿井名称	开采煤层	防水煤柱设计垂高/m	防水煤柱内资源量/万 t
兖矿集团杨村煤矿	3 煤	80	1575
皖北煤电五沟煤矿	10 煤	60～91.35	2665
淮南矿业潘一煤矿	13-1 煤	80	1389
焦煤集团赵固一矿	2 煤	55	6871

　　但是，随着煤矿开采上限的持续提高，上覆松散含水层受采动影响，含砂量较高的水砂混合物溃入井下工作面，导致财产损失甚至人员伤亡的事故时有发生，给矿井的安全生产带来了很大威胁。例如，1990 年瓷窑湾煤矿发生两次冒顶突水溃砂灾害，最大涌水量达 200m^3/h，总溃砂量达 10000m^3 以上，导致瓷窑湾煤矿基建搁浅；1996 年扎赉诺尔矿务局铁北矿多次发生突水溃砂，突出水砂 1700m^3；2002 年邹城横河煤矿发生溃砂事故，2 名人员被困在巷道中；2002 年淮北矿业集团桃园煤矿发生突水溃砂事故，4 人死亡，1 人受伤，直接经济损失达 130 多万元；2019 年赵固一矿发生溃水事故，溃出的泥砂充填工作面上段 57m，涌水量达 40m^3/h，造成 1 人被困。

　　要保证煤炭资源的稳步开发，摆脱涌水溃砂灾害的严重困扰，最大限度地提高煤炭资源的回采率，延长老矿井的服务年限，增加新建矿井的煤炭资源可采储量，在松散含水层下采煤时，科学合理地设计开采上限，进行松散含水层下采动覆岩变形破坏、裂隙发育扩展、水砂渗流突涌的研究，得出采煤工作面涌水溃砂启动机制，是亟待解决的关键问题。

1.2 采动覆岩变形破坏及裂隙发育特征

1.2.1 采动覆岩变形破坏特征

采动覆岩变形破坏特征研究的各种理论中，具有一定历史地位和代表性的大致可以归纳为以下几种：压力拱理论、悬臂梁理论、预成裂隙梁理论、铰接岩块理论、砌体梁理论、传递岩梁理论、薄岩板理论、关键层理论[1,2]。目前国内对覆岩变形破坏特征的研究大多是基于钱鸣高院士的砌体梁理论和关键层理论及宋振骐院士的传递岩梁理论衍生而来的。

钱鸣高院士于 20 世纪 70 年代提出了砌体梁理论[3]，采场上覆岩层的岩体形成外表似梁，实质是拱的砌体梁或裂隙体梁三铰拱式平衡结构，并根据三铰拱的极限平衡原理推导出了砌体梁结构的"S-R"稳定条件，如图 1.3 所示；侯忠杰[4,5]

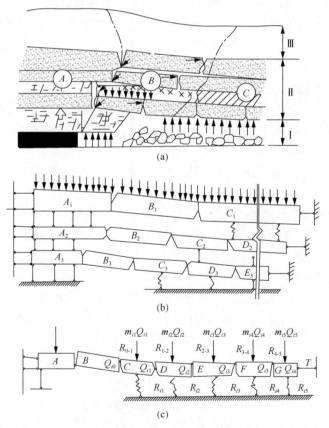

图 1.3 砌体梁力学模型[1]

Ⓐ-煤壁支承影响区；Ⓑ-离层区；Ⓒ-重新压实区；Ⅰ-垮落带；Ⅱ-裂隙带；Ⅲ-弯曲下沉带；T-结构的水平推力；Q-载荷；R-块间铰接力及支承力；m-载荷系数；i-任意承载层号；A，B，…，G-铰接岩块

给出了较精确的老顶断裂岩块回转端角接触面尺寸，并分别按照滑落失稳和回转失稳计算出了类型判断曲线。

部分学者以砌体梁理论为基础，对采动覆岩变形破坏特征进行了系列研究：黄庆享等[6,7]对神府煤田某矿进行了实测研究，建立了采场老顶周期来压的"短砌体梁"和"台阶岩梁"结构模型，分析了顶板结构的稳定性，给出了维持顶板稳定的支护力计算公式；方新秋等[8]对潞安司马矿厚表土、薄基岩煤层综放开采覆岩运动规律进行了研究，并建立了薄基岩工作面结构力学模型；张永波和崔海英[9]通过相似模拟试验，对辛置煤矿老采空区覆岩破坏的结构类型、覆岩失稳"活化"机理、老采空区砌体梁结构的失稳形式及稳定条件进行了分析。

钱鸣高院士等于 20 世纪 90 年代建立了关键层理论的框架及判别方法，进一步明确了关键层复合效应与复合关键层的概念，深入揭示了关键层在采动覆岩中的控制机理[10-14]。

部分学者以关键层理论为基础，对采动覆岩变形破坏特征进行了系列研究：侯忠杰[15]提出了浅埋煤层组合关键层理论，揭示了地表厚松散层浅埋煤层组合关键层自身不能形成三铰拱式平衡的机理；余学义和黄森林[16]应用理论分析和数值模拟研究了大柳塔煤矿覆岩中关键结构层稳定条件与采动损害之间的关系；弓培林和靳钟铭[17]运用关键层理论研究了浅埋煤层采场覆岩结构特征及运动规律；陈忠辉等[18]根据地下矿赋存条件，建立了浅埋深厚煤层综放开采顶板断裂力学模型；许家林等[19]对覆岩关键层结构的类型及其破断失稳特征进行了研究，确定了神东矿区浅埋煤层覆岩关键层结构类型的判别方法。

宋振骐院士于 20 世纪 80 年代提出了传递岩梁理论，提出"二块铰结岩块"形成老顶基本结构，分析了该结构的演化对工作面矿压显现的影响，并提出了"老顶结构"可以预测的思想，如图 1.4 所示。在以岩层运动为中心的矿压理论指导下，姜福兴等[20-22]对采场顶板结构进行了定量描述，利用模糊数学理论提出了判断上覆岩层质量的岩层质量指数法，以及与岩层质量指数法相对应的老顶的 3 种基本结构形式。

部分学者以传递岩梁理论为基础，对采动覆岩变形破坏特征进行了系列研究：邓广哲[23]通过现场实践和立体相似模拟分析，借鉴拱壳结构力学分析手段，对放顶煤采场上覆岩层形成拱结构从宏观上作了初步分析；闫少宏等[24]提出了上位岩层结构面稳定性的定量判别式，并分析了放顶煤开采上覆岩层平衡结构向高位转移的原因；吴士良[25]阐述了对采场矿压有明显影响的顶板构成及各自的运动特点，提出了简单实用的顶板静压计算模型与方法；史红和姜福兴[26]基于微地震定位监测，研究了覆岩空间结构岩层运动的发展规律，建立了覆岩空间结构走向支承压力模型；李新元和陈培华[27]根据印度 PVK 矿 Queen 煤层开采实测，分析了松软覆岩条件下压力拱平衡与失稳破坏规律；杨宝贵等[28]对西部某矿区近浅埋厚煤层综放开采覆岩运移规律进行了相似模拟研究,得出了覆岩垮落"三带(垮落带、裂隙带、弯曲下沉带)"特征和岩层位移特征;柴敬[29]通过大型三维模拟试验研究了神府矿区浅埋深、薄基岩、厚砂覆盖层下开采岩层破断运动规律。

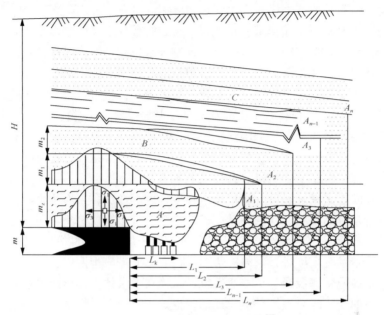

图 1.4 "传递岩梁"力学模型[2]

H-煤层埋深;m-煤层厚度;σ_1-最大主应力;σ_3-最小主应力;m_z-直接顶;L_k-控顶距;L_1,L_2,$\cdots$,L_n-传递岩梁长度;A_1,A_2,$\cdots$,A_n-传递岩梁编号;A-垮落带;B-裂隙带;C-弯曲下沉带

1.2.2 采动覆岩裂隙发育特征

采动后覆岩形成的垮落带和导水裂隙带贯通松散含水层形成通道是涌水溃砂灾害发生的直接原因,因此,松散层下采动覆岩裂隙发育特征是涌水溃砂研究的基础[30-36]。采动覆岩变形破坏造成的涌水溃砂通道主要有以下 3 种形式:直接采动破坏型、采动破坏与断层导通型、导水裂隙带渗透破坏型,如图 1.5 所示。目前对覆岩裂隙发育特征研究的方法主要有物理勘探、钻孔冲洗液漏失量法、数值模拟和经验公式法[37-56]。

吉育兵等[57]采用数值模拟对厚松散层薄基岩条件下不同采宽、采厚覆岩破坏进行研究,发现覆岩导水裂隙带高度随采放比及采厚的增大而增大;徐平等[58]将松散层单一薄基岩视为作用在充填体上的载荷,建立了 Winkler(文克勒)连续性梁力学模型,对充填法开采情况下薄基岩裂隙发育进行了分析,发现随着充实率的提高,覆岩裂隙发育高度逐渐减小;杜锋和白海波[59]、杜锋[60]采用数值模拟和现场实测等方法对厚松散层超薄基岩厚煤层综放开采顶板破断及裂隙发育进行了研究，认为覆岩应力拱最终发育高度决定了裂隙发育高度，裂隙在风化岩层中发育速度快，也很容易闭合，虽然采高较大，但有效导水裂隙带发育高度不大；贾明魁[61]对薄基岩结构稳定性进行了分析，发现基本顶关键层周期性破断后会形成砌体梁结构，断裂后的基岩极易产生回转和滑落形成突水通道；涂敏等[62,63]对不同采放比情况下厚松散层超薄基岩最大冒落带和有效导水裂隙带高度进行了研究，发现基岩内黏土含量高的风氧化带具有抑制导水裂隙带发育高度的作用，采后覆岩呈现整体弯曲缓慢下沉，有效导水裂隙带的高度与冒落带高度基本一致；张通等[64]建立了薄基岩厚松散层深部采场覆岩裂隙带几何模型，推导出了覆岩裂隙带计算公式，对无特硬顶板、复杂岩层组合的薄基岩厚松散层有较好的适用性；李振华等[65,66]对薄基岩煤层覆岩裂隙演化的分形特征进行了研究，发现覆岩裂隙的扩展和分布具有较好的自相似性和分形特征，分形维数可以较好地表征"上三带"裂隙发育特征；孙云普等[67]利用遗传-支持向量机法、胡小娟等[68]利用多元回归分析，有效反映了采空区长度、岩层抗压强度、煤层埋深和采厚等主导因素与煤层导水裂隙带发育高度的非线性关系；杨国勇等[69]基于层次分析-模糊聚类分析法，考虑采厚、采深、工作面斜长、岩石抗压强度和岩层组合特性等影响因素的权重，对导水裂隙带发育高度进行预测；柴辉婵和李文平[70]应用回归分析法对不同覆岩类型的导水裂隙带高度进行了非线性统计，建立了水体下预留防水煤岩柱与裂采比间的模型曲线；薛东杰等[71]利用逾渗理论定量评价了浅埋薄基岩煤层组采动裂隙演化特征，揭示了采动裂隙概率随推进度的线性关系；贾后省等[72]对浅埋薄基岩上覆岩层纵向贯通裂隙的张开和闭合规律进行了研究。

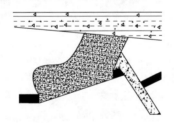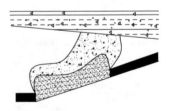

| (a) 直接采动破坏型 | (b) 采动破坏与断层导通型 | (c) 导水裂隙带渗透破坏型 |

图 1.5 采动覆岩涌水溃砂通道形式[73]

1.3 采动覆岩涌水溃砂机理及安全开采

1.3.1 采动覆岩涌水溃砂机理

松散含水层下采动覆岩涌水溃砂机理的研究，常以临界水力梯度作为评判指标，以实际水力梯度大于临界水力梯度作为涌水溃砂的判别标准。但在工程实践中普遍采用导水裂隙带高度和有效隔水层厚度对比分析法对涌水溃砂灾害进行预判。

隋旺华等[73]提出了以颗粒物质的流动行为深入认识溃砂产生的机理，认为上覆松散含水层的水头压力与溃砂通道宽度是建立描述涌水溃砂机理的关键；许延春等[74]从覆岩裂隙破坏发展规律及松散层砂土颗粒性质入手，建立了工作面溃砂判据；张玉军等[75,76]、刘洋[77]以地下水动力学为原理，建立了以渗透破坏的临界水力梯度为条件的预防溃砂发生的临界条件和预计公式；梁艳等[78]模拟了弱胶结砂岩试验在不同初始水压作用下的涌水溃砂过程，获得了水砂突涌的临界水力梯度；王世东等[79]、李建文[80]建立了涌水溃砂灾害力学模型，提出了涌水溃砂灾害防治技术体系；张杰等[81]、张杰和侯忠杰[82]通过岩块端角接触面不同高度滤砂试验，获得了不发生溃砂的临界接触面高度；连会青等[83]在分析涌水溃砂影响因素的基础上，提出了涌水溃砂临界水头高度及安全水头计算方法和判据；梁世伟[84,85]通过建立的隔水土层保持其隔水作用的判据对薄基岩浅埋煤层突水可能性进行了预测；伍永平和卢明师[86]、卢明师[87]建立了溃砂伪结构力学模型，基于泥砂启动理论，研究了溃砂时砂粒的受力情况，并以含水层高度为判定依据，给出了溃砂发生的理论表达式；刘洋[88]将浅埋煤层采后的覆岩自上而下划分为网络性裂隙带和冒落性裂隙带，并将其自外向内划分为贯通性裂缝区和方向性裂缝区，即竖"两带"和横"两区"，建立了"导水砂拱"力学模型，并给出了导水砂裂隙带高度计算公式。

1.3.2 受涌水溃砂威胁煤炭的安全开采

自 20 世纪 50 年代开始，我国就开展了水体下采煤的研究工作，经过 60 多年的研究，现已取得了较丰富的经验[89-102]，不同类型水体下允许采动程度和要求留设的安全煤岩柱类型已作为规范写入《建筑物、水体、铁路及主要井巷煤柱留设与压煤开采规程》[103]、《煤矿防治水规定》[104]和《煤矿防治水规定释义》[105]等。

刘天泉[106,107]提出了近松散层开采技术的概念，并给出了近松散层开采安全煤岩柱的设计方法；武强等[108-110]提出了解决煤层顶板涌水灾害定量评价的"三图-双预测法"，即顶板直接充水含水层的富水性分布图、顶板冒落安全性分区图、顶板涌水条件综合分区图及回采工作面整体和分段工程涌水量预测、顶板直接充水含水层采前疏放方案预测；许家林等[111-113]、王晓振[114]发现松散承压含水层具有传递载荷的作用，易引发覆岩关键层产生复合断裂，导致导水裂隙带发育高度异常增大而导通含水层；刘伟韬等[115]运用模糊评判中的隶属度函数对影响顶板水涌出的导水裂隙带高度、顶板隔水层强度、上覆含水层富水性和地质构造情况 4 个因素进行了量化，从而对顶板涌水等级进行了评价；王家臣和杨敬虎[116]基于建立的凸起结构模型，对水砂涌入工作面顶板结构稳定性进行了分析，发现西部矿区水砂涌入工作面时，顶板失稳以滑落为主；孟召平等[117,118]提出了松散含水层突水危险系数的概念，根据松散含水层内的水压值确定保护层的厚度和合理的防水煤柱尺寸，构建了第四系松散含水层下煤层开采突水危险性评价和防水煤柱留设方法；刘盛东等[119]运用并行电法技术测定地电场参数，验证了视电阻率和视极化率与煤层顶板透水量的幂函数关系，为顶板水害规模预报提供了一种有效手段；王文学等[120]基于可拓集合论和物元理论，建立了考虑松散层底部含水层涌水量、黏土层厚度、覆岩厚度和导水裂隙带高度的厚松散含水层薄基岩下煤层安全开采等级评价的物元模型；高岳和隋旺华[121]基于多目标决策法，以含水层下厚煤层不同的开采方案对应的防水煤柱高度设计值、吨煤开采成本、煤炭月产量和采出率为评价指标，运用加权总均方根算法对不同基岩厚度下的开采方案进行了决策；许延春[122]、许延春和刘世奇[123]提出了防水煤柱保护层的"有效隔水厚度"的概念和保护层内隔水岩层折算有效隔水厚度的方法。

第 2 章　覆岩涌水溃砂灾害的发生条件及力学机制

2.1　涌水溃砂灾害的发生条件

厚松散层薄基岩下采煤属于特殊水文地质条件下的采煤问题。在中东部地区，涌水溃砂的主体主要指砂砾互层或具有一定弱胶结强度的砂层，其流动性较差，砂体属于新近系和古近系组合体；在西部地区，涌水溃砂的主体主要指颗粒非常细小的风积砂，流动性较好。无论是在中东部地区还是在西部地区，在开采扰动影响下，厚松散层在水流的带动下都可能发生不同规模的涌水溃砂灾害，典型的涌水溃砂灾害事故现场如图 2.1 所示。煤矿涌水溃砂灾害发生的条件和机理复杂，与含水层特性(规模、水压力、有无水力补给、颗粒物组成等)、覆岩特征(岩性、厚度、强度、组合方式、破坏形式等)、煤层采高、开采面积、开采方法和顶板管理方法等因素有关。大量生产实践表明，涌水溃砂灾害的发生主要由以下 4 个因素决定。

图 2.1　涌水溃砂灾害事故现场

(1)物源。上覆含水层中存在厚度大于 0.25m 的粉细砂层，砂层土的含水率大于 3%或孔隙率大于 43%；土的组成中粉砂含量大于 75%。

(2)动力源。覆岩含水层富水性强，向矿井涌水的水力梯度应达到或大于临界水力梯度。

(3)通道。采矿破坏形成的垮落带和导水裂隙带贯通含水层。

(4)容纳空间。采空区和巷道有足够大的空间容纳溃入的水砂。

2.1.1 涌水溃砂灾害的物源

砂、砾石和卵石类粗颗粒一旦沉积，实际上就不会再压密了。但细砂由于絮凝作用，在沉积时会连接成絮团，絮团和絮团会连接成集合体，集合体还会搭接形成网架[124,125]。絮凝的新沉积物具有高度蜂窝状的结构，含水量很高，密度很低，如图 2.2(a)所示。此状态下的细砂体具有很低的抗剪强度和黏结力。在自重和覆盖层的重力作用下，最脆弱的集合体与集合体之间的连接将最先破裂，并改变沉积物结构以达到较为密实的平衡状态，如图 2.2(b)所示，此状态下的细砂体具有一定的黏结力。随着自重和覆盖层的重力作用时间的延长，絮团之间的连接破裂，絮团集合体的形式不复存在，很多絮团重叠排列成层，如图 2.2(c)所示。如若时间足够长，絮团将发生变形，絮团间孔隙将消失，沉积物变成颗粒密集排列的均匀结构，如图 2.2(d)所示。

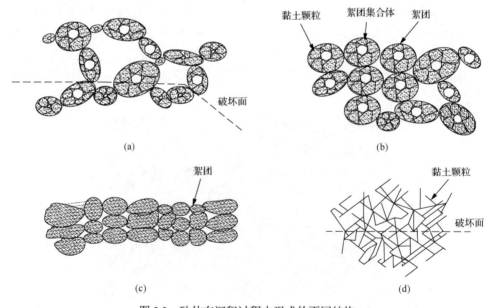

图 2.2 砂体在沉积过程中形成的不同结构

水砂通道一旦形成，在水压、自重及载荷的作用下，靠近水砂通道的水砂开始沿水砂通道流动；距水砂通道较远的，处于半固体状态的细砂沉积层受扰动后，产生结构失稳，往往会"液化"而变为溶胶或悬浮液，进而加剧水砂突涌。此时若将水砂通道关闭，细砂又会重新凝结，水砂这种一触即变的现象称作"水砂触变"。

含水砂层的物理特性、分布特性及富水性是发生涌水溃砂灾害的先决条件。含水层含砂量的大小主要取决于含水层的空间结构特征，即含水层水砂组合特征。

涌水溃砂灾害的发生与砂的粒径密切相关,砂的粒径较大,砂层孔隙率较高,颗粒间的通道排水较容易,可能仅仅发生突水,不容易形成溃砂。粒径较小且胶结性极差的细粉砂流动性好,在水流的作用下较容易形成溃砂。

2.1.2　涌水溃砂灾害的动力源

涌水溃砂灾害的主要和直接动力源为松散层中的水体,由于采动形成的贯通裂隙波及上覆松散含水砂层,改变了松散含水砂层中水体的运动状态,水体迅速通过贯通裂隙涌向采空区,局部水力梯度超过砂体液化的临界水力梯度,对贯通裂隙附近砂体产生较大的动水压力和渗透破坏力,引起较大范围内的砂体液化,水砂混合物便沿贯通裂隙涌向采空区形成涌水溃砂灾害。

2.1.2.1　静水压力

静水压力指静止水对其接触面所作用的压力,隐含有势能,是一种表面力,具有大小、方向和作用点 3 个要素。在工程实际中,静水压力一般指作用面的法向应力,仅仅是空间位置和时间的标量函数,与所取的作用面的方向无关,单位面积上承受的静水压力可表示为

$$P_w = \gamma(H - Z) \tag{2.1}$$

式中,P_w 为静水压力;γ 为水的容重;H 为水头;Z 为位置高程。

静水压力的大小主要是由松散含水砂层的富水性和临近含水层的补给特性决定的。静水压力大,说明松散含水砂层内潜伏着较高的原始水势能,为涌水溃砂提供了强大的动力支持。与此同时,在较大静水压力作用下,松散含水砂层底界面下部岩层易因水压致裂和扩展作用而导致破坏带深度逐渐增加,增加了松散含水砂层与工作面建立水力联系的可能性。静水压力的力学作用主要表现为两个方面:①使裂隙结构面发生拉张型扩展作用,增大裂隙结构面的隙宽(张开度);②使裂隙结构面发生剪切型延伸作用,增大裂隙结构面的延伸长度。

2.1.2.2　动水压力

动水压力指在地下水水头压差作用下,为克服地下水沿岩体裂隙运动产生的阻力而产生的对裂隙壁及裂隙内充填物的作用力。水在岩体裂隙通道中突涌时势能变为动能,是一种体积力,是空间位置和时间的矢量函数。动水压力的方向与水流方向一致,动水压力的大小取决于水头压差的大小和裂隙尺寸,单位体积岩体上所承受的动水压力可表示为

$$P_d = -\gamma \frac{\partial(H - Z)}{\partial s} \tag{2.2}$$

式中，P_d 为动水压力；γ 为水的容重；H 为水头；Z 为位置高程；s 为水的渗流途径。

当水渗流经过一单元体时，单元体长度和横截面积分别为 Δl 和 ΔA，则有

$$\Delta P = \gamma \Delta h \Delta A \tag{2.3}$$

式中，ΔP 为单元体中的渗透合力；Δh 为单元体上下边界水压差，即水头损失。

单元体中的渗透合力即为动水压力：

$$P_d = \frac{\Delta P}{\Delta l \Delta A} = \gamma \frac{\Delta h \Delta A}{\Delta l \Delta A} = \gamma \frac{\Delta h}{\Delta l} = \gamma J \tag{2.4}$$

式中，J 为水力梯度。

在动水压力作用下，裂隙结构面及充填物在渗流方向上发生变形和位移，导致裂隙结构面继续扩展，并不断增加其孔隙率、渗流速度和透水性能，当渗流速度增加到细小砂粒的液化临界速度时，便开始发生涌水溃砂。

水在运动过程中要克服摩擦阻力，不断消耗机械能，产生水头损失，沿流线方向水头损失最大，水头值下降最快，水头线永远是一条下降的曲线，水头线上某点的曲率即为该点的水力梯度，如图 2.3 所示。因此，水力梯度可以称为沿水流方向上单位渗流途径上的水头损失：

$$J = -\frac{\mathrm{d}h}{\mathrm{d}s} \tag{2.5}$$

式中，J 为水力梯度；$\mathrm{d}s$ 为渗流途径上无限小的长度，m；$\mathrm{d}h$ 为与 $\mathrm{d}s$ 相对应的水头变化值，m。水力梯度是一个正值，但是由于水头沿水流方向的变化量为负值，在式(2.5)中加"–"号。

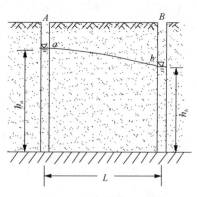

图 2.3　水力梯度示意图

A、B-地下水观测井；a、b-水面；h_a、h_b-水头高度

　　水在介质空隙中流动时，为了克服摩擦阻力(摩擦阻力随流速增大而增大)，必然会消耗一定的机械能，从而引起水头损失。所以，水力梯度也可以说成是水流通过单位长度渗流途径为克服摩擦阻力所消耗的机械能。在单位长度渗流途径上，为克服摩擦阻力所消耗的机械能越多，水力梯度值就越大；反之则越小。

　　基于以上分析，对于有涌水溃砂灾害的采场，水力梯度可用于评价含水层透水性的强弱。当含水层局部发生相变而导致粒径增大时，颗粒间的空隙也会随之增大，进而导致该部位透水性增强，水力梯度变小。相反，当含水层局部发生相变而导致粒径变小时，该部位透水性变差，水力梯度相应增大。

2.1.2.3　水力梯度的确定

1)太沙基公式

基于单元体积的砂土体在水中的浮容重与作用在砂体的动水压力的平衡关系：

$$J_c = (\gamma_s / \gamma - 1)(1 - n_o) \tag{2.6}$$

式中，J_c 为临界水力梯度；γ_s 为砂土体的容重；γ 为水的容重；n_o 为孔隙率。

　　若取一般砂土体的容重为 2.65kg/m^3，孔隙率为 $0.5 \sim 0.8$，估算砂土体发生溃砂的临界水力梯度为 $0.825 \sim 1.32$，而试验实测值要大于该值，甚至是大出一倍左右，这是由于太沙基公式没有考虑砂土的摩擦力的影响。

2)ЕА扎马林公式

ЕА扎马林对太沙基公式进行了修正：

$$J_c = (\gamma_s / \gamma - 1)(1 - n_o) + 0.5 n_o \tag{2.7}$$

3)南京水利科学研究院公式

　　基于太沙基公式，王伟在临界水力梯度公式中增加了一个由单位土体自重引起的侧压力所产生的摩擦阻力：

$$J_c = (\gamma_s / \gamma - 1)(1 - n_o) + 0.5 n_o + (1 + \lambda \tan \varphi) \tag{2.8}$$

式中，λ 为侧压系数；φ 为内摩擦角。

　　基于太沙基公式，沙金煊在临界水力梯度公式中考虑了岩土体颗粒的形状阻力作用：

$$J_c = \alpha(\gamma_s / \gamma - 1)(1 - n_o) \tag{2.9}$$

式中，α 为岩土体颗粒的形状参数。

4)中国水利水电科学院方法

中国水利水电科学院参考国内外相关资料，基于大量室内试验得到临界水力梯度与渗透系数、细颗粒含量之间的关系曲线，如图 2.4 所示。

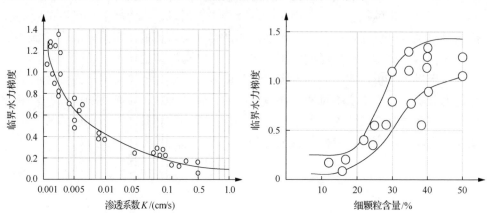

(a)　　　　　　　　　　　　　　　　(b)

图 2.4　临界水力梯度与渗透系数、细颗粒含量之间的关系曲线

2.1.3　涌水溃砂灾害的通道

涌水溃砂灾害发生与否，上覆松散砂层在有水体作为载体和动力的同时，只有通过水砂通道才能进入井下巷道或采空区内，所以，涌水溃砂通道的存在或生成是涌水溃砂发生的不可缺少的必要条件。在开采扰动之前，天然地层中也常常存在原始通道，也会产生水的渗流作用，但天然形成的通道中的动水压力不足以引起含水砂层中砂体的液化，因而不会发生涌水溃砂；开采扰动之后，会形成人为临空面，在临空面附近会形成较大的动水压力，进而诱发涌水溃砂灾害。在松散含水砂层赋存状态一定的情况下，水砂通道的大小决定了井下涌水溃砂灾害的规模。

煤层采动后，其覆岩按照破坏形式，通常可划分为垮落带、裂隙带和弯曲下沉带 3 个不同的开采影响带[126-135]，如图 2.5 所示。

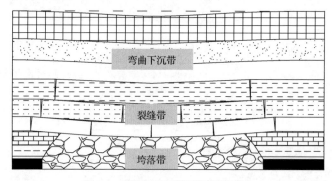

图 2.5　煤层开采后覆岩破坏形式

2.1.3.1　垮落带

垮落带指由采煤引起上覆岩层岩石脱离岩层母体，失去连续性，呈不规则岩块或似层状巨块并向采空区垮落的那部分岩层，具有以下特性：①无序性。垮落岩块大小不一，无规则地堆积在采空区内。②碎胀性。它是使垮落能自行停止的根本原因。③可压缩性。垮落岩块间的空隙随时间的延长和采动程度的加大，在一定程度上可得到压实。

垮落带岩石的碎胀系数一般为 1.2～1.5，垮落带的高度主要取决于采出煤层厚度和上覆岩石的碎胀系数，通常为采出煤层厚度的 3～8 倍。采动覆岩分布形态很大程度上取决于采动岩体的垮落空间形态。在岩体不同的赋存状态下，采动岩体垮落空间形态可概化为倒梯形、偏三角形和倒三角形等不同的空间形态[136]。在一定的开采条件下，采场垮落空间可以近似看成无限域中半椭圆形孔洞[137]，如图 2.6 所示，其孔洞顶壁切向应力可由弹性解给出：

$$\sigma_{\theta=90°}=\left(1+\frac{4h_o}{l}\right)\lambda\sigma_1-\sigma_1 \tag{2.10}$$

式中，h_o 为椭圆孔短半轴，即垮落高度；l 为椭圆孔长轴，即开采长度；λ 为侧压系数；σ_1 为垂直原岩应力，即 γH。

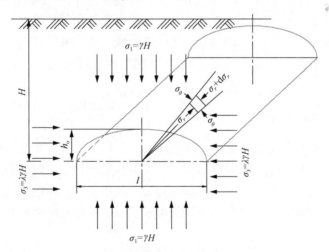

图 2.6　采场垮落空间半椭圆形孔洞模型
σ_3 为最小主应力；σ_r、σ_θ 分别为单元体的径向应力和切向应力

当 $\sigma=[\sigma_t]$（允许拉应力）时，岩层便产生拉断破坏，得到：

$$h_o=\left(\frac{[\sigma_t]}{\sigma_1}+1-\lambda\right)\frac{l}{4\lambda} \tag{2.11}$$

$$V = \frac{1}{4}\pi h' l s_o \tag{2.12}$$

$$(V - l s_o m)K_o = V \tag{2.13}$$

式中，V 为垮落椭球体的体积；s_o 为工作面推进长度；h' 为垮落岩体接顶时的垮落高度；m 为煤层开采厚度；K_o 为碎胀系数。

将式 (2.12) 代入式 (2.13) 中得

$$h' = \frac{4mK_o}{\pi(K_o - 1)} \tag{2.14}$$

所以煤层开采后覆岩的垮落高度应为 $\min(h', h_o)$。在数值计算中一般把出现双向拉应力（$\sigma_1 > 0$，$\sigma_3 > 0$）的单元看作崩解单元，顶板岩石发生垮落，此时双向拉应力出现区域即为采动覆岩垮落带的分布形态。

2.1.3.2　裂隙带

裂隙带指位于垮落带之上，具有与采空区连通的开裂性导水裂隙，但仍能保持岩层层状特征的那部分岩层。裂隙带是在采空区顶板弯曲和垮落碎胀岩石压密过程中产生的，它随开采区的扩大不断向上发展。当开采达到一定范围时，裂隙带高度达到最大，随着岩层移动的稳定，裂隙带上部的裂隙又被逐渐压密闭合，裂隙带高度也随之降低。一般用 $\sigma_1 \geqslant 0$ 近似判别导水裂隙带范围及最大高度，这是因为采空区顶板暴露面附近岩体的抗拉强度很低，甚至为 0。这一层具有成层性、连通性和导水性的特点[138]。

2.1.3.3　弯曲下沉带

弯曲下沉带位于裂隙带之上，直至地表。此带内的岩层在覆岩移动变形中基本能保持其稳定性和层状结构，岩层在其自重作用下产生法向弯曲，岩层处于水平双向压缩状态，而煤柱上方弯曲带内岩层呈现水平双向拉伸。这一层的特点是具有隔水性，岩层的移动过程是连续且有规律的，其发育高度主要受开采深度的影响控制。

对于薄基岩煤层开采，上覆岩层的破断极易波及上覆松散含水砂层，覆岩垮裂形成的贯通裂隙为涌水溃砂提供了必要的通道。考虑煤层开采后覆岩 "三带" 高度与基岩厚度的关系对 "薄基岩" 作如下界定：①当基岩厚度小于冒落带高度时，称为超薄基岩；②当基岩厚度大于冒落带高度而小于裂隙带高度时，称为薄基岩；③当基岩厚度大于裂隙带高度时，称为正常厚度基岩。

2.1.4 涌水溃砂灾害的容纳空间

当采动引起的覆岩贯穿裂缝，波及上覆松散含水砂层，且水力梯度超过砂体液化的临界水力梯度时，涌水溃砂便会发生。如果井下存在较大的空间，那么细砂会在足够大的水流作用下沿巷道或采空区流动，从而充填、埋没工作面和巷道。如果井下临空面的空间较小，没有足够的水砂容纳空间，即使有较大的水流作用，溃砂也只能堆积在溃砂口的下方，涌水溃砂没有进一步发展的空间。因此，临空面空间的大小决定了涌水溃砂灾害的危害程度。

2.2 采场覆岩垮裂力学模型

设煤层以上有 n 层岩层，为了简化计算，假设煤岩层是水平的，且煤层开挖后顶底板将完全闭合，闭合量为 t；开采宽度为 $2a$，岩层厚度为 h。计算模型和采用的坐标系如图2.7所示。将与煤岩层平行的方向设为 x，与煤岩层垂直的方向设为 y，各岩层都选取一个局部坐标 xo_iy_i ($i=1, 2, \cdots, n$)，$y_1=0$ 和 $y_i=h_i$ 分别表示第 i 层的下部边界和上部边界，h_i 为第 i 层的岩层厚度，所有岩层有相同的坐标 x。煤层开采后，第 i 层岩层 x 和 y 方向的位移分别用 u_i 和 v_i 表示，应力分量分别用 σ_x^i、σ_y^i 和 τ_{xy}^i 表示，满足以下边界条件

$$\sigma_y^1 = \tau_{xy}^1 = 0 \quad (y_n = h_n) \tag{2.15}$$

$$\begin{cases} v_n = t & (|x| \leqslant a, y_1 = 0) \\ v_n = 0 & (|x| \geqslant a, y_1 = 0) \end{cases} \tag{2.16}$$

式中，v_n 为第 n 层岩层 y 方向的位移。

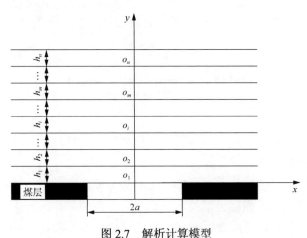

图2.7 解析计算模型

煤层开采后，岩层间的接触可能处于滑动接触或者弹性接触状态，为了分析简便，按滑动接触状态考虑，即

$$\begin{cases} v_i(x, h_i) = v_{i-1}(x, 0) \\ \tau_{xy}^i(x, h_i) = \tau_{xy}^{i-1}(x, 0) = 0 \quad (i = 1, 2, \cdots, n) \\ \sigma_y^i(x, h_i) = \sigma_y^{i-1}(x, 0) \end{cases} \tag{2.17}$$

式中，v_i 为第 i 层岩层 y 方向的位移。

设第 $m-1$ 层和 m 层之间产生离层，即煤层和 $m-1$ 层之间的岩层形成一个组合梁，其中每个岩层梁在力的作用下曲率一致，设岩层间的离层范围为 $2b$（若 $b = 0$，则岩层间不产生离层）。第 $m-1$ 层和 m 层之间的接触条件及产生离层条件为

接触条件

$$\begin{cases} \tau_{xy}^m(x, h_m) = \tau_{xy}^{m-1}(x, 0) \\ \sigma_y^m(x, h_m) = \sigma_y^{m-1}(x, 0) \end{cases} \tag{2.18}$$

离层条件

$$\begin{cases} \sigma_y^m(x, h_m) - \sigma_y^0 = \sigma_y^{m-1}(x, 0) - \sigma_y^0 = R \quad |x| \leqslant b \\ v_m(x, h_m) = v_{m-1}(x, 0) \qquad\qquad\quad |x| > b \end{cases} \tag{2.19}$$

式中，R 为岩层间的抗拉强度，通常可取 0；σ_y^0 为产生离层处原始垂直地应力，$\sigma_y^0 = \sum_{i=m}^n h_i \gamma_i$；$\gamma_i$ 为第 i 层岩层的容重；τ_{xy}^m 为第 m 层岩层剪应力；h_m 为第 m 层的岩层厚度；σ_y^m 为第 m 层岩层 y 方向的压应力；v_m 为第 m 层岩层 y 方向的位移。

由于第 $m-1$ 层和 m 层之间产生离层，在第 m 层岩层断裂之前，第 m 层岩层及以上岩层已不再需要第 $m-1$ 层及下部岩层去承担它所承受的载荷，则有

$$q_1(x)\big|_{m-1} = \frac{E_1 h_1^3 \sum\limits_{i=1}^{m-1} \gamma_i h_i}{\sum\limits_{i=1}^{m-1} E_i h_i^3} > q_1(x)\big|_m \tag{2.20}$$

式中，$q_1(x)\big|_m$ 为考虑第 m 层岩层时第 1 层岩层所受载荷；h_i 为第 i 层岩层的厚度；E_i 为第 i 层岩层的弹性模量。

根据岩体破坏时的特征，可以将破坏分为脆性破坏和塑性破坏，强度较高的硬岩表现出脆性破坏，强度较低的软岩表现出塑性破坏，因此可采用应力因子来判断坚硬岩层的开裂，用应变因子来判断软弱岩层的开裂。

1) 坚硬岩层开裂分析

岩层弯拉破坏的力学过程是其约束条件由嵌固梁向简支梁发展的过程,简支梁中部弯矩与嵌固梁端部及中部弯矩之和正好相等,岩梁端部开裂后,端部弯矩向中部转移。因此,只要岩梁端部被拉开,岩梁的支承条件迅速由嵌固梁向简支梁转化[139]。第 m 层岩梁承受的拉应力为

$$\sigma_m = \frac{q l_m^2}{2 h_m^2} \tag{2.21}$$

式中, σ_m 为第 m 层岩层所受拉应力; h_m 为第 m 层岩层的厚度; l_m 为第 m 层岩层的长度; q 为随第 m 层岩层同时运动的岩层的重力载荷总和。

第 m 层岩梁发生断裂时的极限跨度为

$$l_{m\text{-}\max} = h_m \sqrt{\frac{2[\sigma_{\text{t}}]}{q}} \tag{2.22}$$

因此第 m 层坚硬岩层断裂时临界工作面推进长度为

$$L_m = \sum_{i=1}^{m} h_i \cot \varphi_{\text{q}} + l_{m\text{-}\max} + \sum_{i=1}^{m} h_i \cot \varphi_{\text{h}} \tag{2.23}$$

式中, L_m 为第 m 层岩层断裂时临界工作面推进长度; h_i 为第 i 层的岩层厚度; φ_{q} 、 φ_{h} 分别为岩层前、后方裂断角; $l_{m\text{-}\max}$ 为第 m 层岩梁发生断裂时的极限跨度。

2) 软弱岩层开裂分析

岩层的挠曲方程为

$$w = a_1 \left(1 + \cos \frac{2\pi x}{l} \right) + a_2 \left(1 + \cos \frac{6\pi x}{l} \right) + \cdots + a_m \left[1 + \cos \frac{2(2m-1)\pi x}{l} \right] \tag{2.24}$$

其边界条件满足:

$$w\big|_{x=0} = 0, \quad w\big|_{x=l} = 0, \quad \frac{\mathrm{d}w}{\mathrm{d}x}\bigg|_{x=0} = 0, \quad \frac{\mathrm{d}w}{\mathrm{d}x}\bigg|_{x=l} = 0 \tag{2.25}$$

平衡方程为

$$EI \frac{\mathrm{d}^4 w}{\mathrm{d}x^4} - q(x) = 0 \tag{2.26}$$

式中, $I = \dfrac{b h^3}{12}$, $b = 1$; $a_1, a_2, \cdots, a_m$ 为系数; l 为梁长度; w 为挠度。

将式(2.24)代入式(2.26)得

$$\sum_{n=1}^{\infty} EIa_m \left[\frac{2(2m-1)\pi}{l}\right]^4 \cos\frac{2(2m-1)\pi x}{l} + q = 0 \tag{2.27}$$

将式(2.26)代入伽辽金积分式中得

$$\int_0^l \left[EI\frac{\mathrm{d}^4 w}{\mathrm{d}x^4} - q\right] w_m(x)\mathrm{d}x = 0 \tag{2.28}$$

将式(2.28)展开可解得

$$a_m = \frac{ql^4}{8\left[(2m-1)\pi\right]^4 EI} \tag{2.29}$$

则通项表达式为

$$w = \sum_{m=1}^{\infty} \frac{ql^4\left[1+\cos\frac{2(2m-1)\pi x}{l}\right]EI}{8\left[2(2m-1)\pi\right]^4 EI} \tag{2.30}$$

岩梁的水平拉应变为

$$\varepsilon = y\frac{\mathrm{d}^2 w}{\mathrm{d}x^2} = -\sum_{i=1}^{m} \frac{6ql^2 y\cos\frac{2(2m-1)\pi x}{l}}{(2m-1)^2\pi^2 Eh^3} \tag{2.31}$$

当 $m\to\infty$ 时，$\sum_{i=1}^{n}\frac{1}{(2m-1)^2}=\frac{\pi^2}{8}$，则岩梁的最大拉应变为

$$\varepsilon_{\max} = \frac{3ql_{m\text{-max}}^2}{8Eh^2}，\quad 即\ l_{m\text{-max}} = \sqrt{\frac{8E\varepsilon_{\max}}{3q}} \tag{2.32}$$

式中，$l_{m\text{-max}}$ 为第 m 层岩梁发生断裂时的极限跨度。

考虑岩梁断裂角的影响，第 m 层软弱岩层断裂时临界工作面推进长度为

$$L_m = \sum_{i=1}^{m} h_i\cot\varphi_q + l_{m\text{-max}} + \sum_{i=1}^{m} h_i\cot\varphi_h \tag{2.33}$$

2.3　涌水溃砂发生条件分析

2.3.1　溃砂发生条件分析

若将采动覆岩形成的水砂通道比作存储仓的排料口，那么水砂突涌的过程就

好比一个装着水砂混合物的存储仓通过排料口向外排出水砂混合物的过程。水砂通道附近 m 点的应力状态可用图 2.8(a)中的极坐标应力图表示。

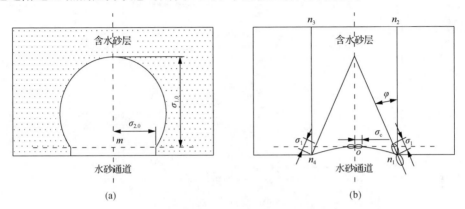

(a)　　　　　　　　　　　　　　　(b)

图 2.8　水砂通道上方松散砂体拱受力分析

$\sigma_{1.0}$ 和 $\sigma_{2.0}$-m 点的最大和最小主应力；σ_{c}-o 点处于极限应力状态时的最大主应力；
σ_{1}-n_{1} 点处于极限应力状态时的最大主应力；φ-极坐标应力图轴线倾斜角

当水砂通道形成时(开启排料口闸门)，m 点的应力状态将会发生变化，如图 2.8(b)所示。垂直压应力 $\sigma_{1.0}$ 开始减小，并且在最初阶段砂粒介质的变形是弹性的。在这之后，垂直压应力变得比水平压应力要小，在砂粒体中发生塑性变形。在某一瞬时，砂体将出现成拱的条件，垂直压应力变为 0。由于垂直平面 n_{1}-n_{2} 和 n_{3}-n_{4} 为对称平面，且应力状态完全相同，只对平面 n_{1}-n_{2} 进行分析。由于水砂混合物的流动，垂直平面 n_{1}-n_{2} 上将产生剪应力，从而使位于平面 n_{1}-n_{2} 上各点的极坐标应力图轴线倾斜某一角度 φ。如果沿整个水砂通道周边作用的垂直切力足以承受位于通道上方的松散砂体的质量时，则水砂通道上方的砂体就会成拱，它的轮廓将与最大主应力迹线重合，如图 2.8(b)中的 $n_{1}on_{4}$ 线，该拱线属于砂粒体自由表面的范围，因此沿其整个长度上的法向应力均为 0。

现场采动产生的水砂通道主要为缝隙型，建立的无限长缝隙型孔成拱模型如图 2.9 所示，取竖直平面 1-2 和 3-4 及主应力迹线描述的表面 1-4 和 2-3 形成的单元体 1234 为研究对象，设该单元体在垂直于图形平面内的方向上为单位长度，分离体的平面 1-2 和 3-4 上的作用力合力为 σ，将 σ 分解为正应力 σ_{b} 和切应力 τ_{b}，单元体 1234 的重力为

$$G = d_{o}\Delta h \rho g \tag{2.34}$$

式中，G 为单元体 1234 的重力；d_{o} 为水砂通道的宽度；Δh 为单元体高度；ρ 为砂体密度；g 为重力加速度。

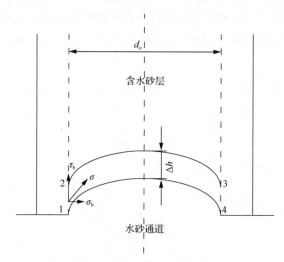

图 2.9　无限长缝隙型孔成拱模型

当砂体拱结构达到力平衡时，其平衡条件为

$$G = 2\Delta h \tau_{\mathrm{b}} \tag{2.35}$$

由式(2.34)和式(2.35)可得

$$\tau_{\mathrm{b}} = \frac{d_{\mathrm{o}} \rho g}{2} \tag{2.36}$$

设砂粒体之间的初始切应力为 τ_0，则 $\tau_{\mathrm{b}} = \tau_0(1+\sin\varphi)$，因此力平衡状态下水砂通道的极限宽度为

$$d_{\mathrm{o}} = \frac{2\tau_0(1+\sin\varphi)}{\rho g} \tag{2.37}$$

式中，φ 为内摩擦角。

2.3.2　涌水溃砂发生判据

在水的作用下，散体砂粒除了受本身的重力及相邻砂粒间的黏结力的作用，还受到拖拽力、渗透压力以及砂粒间的摩擦力的作用。

1)砂体在水中的重力

砂体在水中的重力为

$$W = \frac{1}{2}(\gamma_{\mathrm{s}} h_{\mathrm{s}} - \gamma h_{\mathrm{w}})d \tag{2.38}$$

式中，h_{s} 为砂体厚度；γ_{s} 为砂粒的容重；h_{w} 为含水层厚度。

2) 砂体在水中的拖拽力和渗透压力

在涌水溃砂过程中，砂粒顶部的水流速度较底部小，但水流压力较底部大。砂粒顶部和底部的压力差对砂粒产生了向下的拖拽力 F_L：

$$F_L = C_L d \frac{\gamma v_0^2}{2g} \tag{2.39}$$

式中，C_L 为上举力系数，与砂粒周围的绕流流态有关，具体数值也随涌水流速确定方法的不同而有所差异；v_0 为水流速度。

涌水溃砂过程中，由于下部水体的流动，上部水体必然会对其进行补给，此过程伴随着水的渗流，垂直方向的渗流速度 v_s 为

$$v_s = K J_s \tag{2.40}$$

式中，K 为砂体的渗透系数；J_s 为垂直方向的水力梯度。

则砂体上将承受的渗透压力 F_s 为

$$F_s = C(1+e)\gamma d J_s \tag{2.41}$$

式中，e 为砂体的孔隙率；C 为系数，0.35～0.50。

3) 砂粒间的黏结力

对于细砂来讲，颗粒间是有黏结力的。细砂粒的黏结性是薄膜水间分子压力的表现，黏结力直接与粒径成正比，即

$$N = \xi D \tag{2.42}$$

式中，ξ 为系数，与砂粒表面性质和砂粒间接触紧密度有关；N 为黏结力；D 为粒径。

由于砂体颗粒粒径很小，黏结力在涌水溃砂过程中是相对微小的力，可以忽略不计。

4) 砂粒间的摩擦力

在上层砂体的作用下，砂粒之间将会产生摩擦阻力，即

$$F_f = \frac{1}{2}\mu(\gamma_s h_s - \gamma h_w)d \tag{2.43}$$

式中，μ 为砂粒间的摩擦系数；γ_s 为砂粒的容重；h_s 为砂体厚度。

考虑水对砂体的影响，假设 Δh 为单元高度，即 $\Delta h = 1$，当砂体拱结构达到力平衡时，其平衡条件为

$$W + F_L + F_s = F_f + \tau_b \quad \Rightarrow \quad \tau_b = W + F_L + F_s - F_f \tag{2.44}$$

将式(2.38)、式(2.39)、式(2.41)和式(2.43)代入式(2.44)中得

$$\tau_{\mathrm{b}} = \frac{1}{2}(\gamma_{\mathrm{s}}h_{\mathrm{s}} - \gamma h_{\mathrm{w}})d + C_{\mathrm{L}}d\frac{\gamma v_0^2}{2g} + C(1+e)\gamma dJ_{\mathrm{s}} - \frac{1}{2}\mu(\gamma_{\mathrm{s}}h_{\mathrm{s}} - \gamma h_{\mathrm{w}})d \qquad (2.45)$$

由式(2.45)可得出，考虑水对砂体作用的力平衡状态下水砂通道的极限宽度为

$$d_{\mathrm{lim}} = \frac{2\tau_0(1+\sin\varphi)}{(1-\mu)(\gamma_{\mathrm{s}}h_{\mathrm{s}} - \gamma h_{\mathrm{w}}) + C_{\mathrm{L}}\dfrac{\gamma v_0^2}{g} + 2C(1+e)\gamma J_{\mathrm{s}}} \qquad (2.46)$$

因此水砂突涌发生的判据为

$$d_{\mathrm{lim}} > \frac{2\tau_0(1+\sin\varphi)}{(1-\mu)(\gamma_{\mathrm{s}}h_{\mathrm{s}} - \gamma h_{\mathrm{w}}) + C_{\mathrm{L}}\dfrac{\gamma v_0^2}{g} + 2C(1+e)\gamma J_{\mathrm{s}}} \qquad (2.47)$$

第3章 破碎岩石承压变形时间相关性试验研究

采空区内处于临空状态的顶板在拉应力的作用下，平衡拱被打破，岩体内节理扩展、贯通，顶板岩体开始破坏并在自重作用下崩落下来填充采空区。冒落的松散破碎岩石在自重和上覆岩层荷载作用下会有不同程度的变形，其变形特性直接关系到覆岩导水裂隙带的发育高度。破碎岩石的变形是一个长期过程，受到多种因素的影响，如松散破碎岩石的初始厚度及压实度、上覆岩层荷载大小、岩石类型组合特征、岩石块度及级配、水等。在特定地质采矿条件下，水成为影响破碎岩石变形特征的决定性因素之一。本书通过自然状态下与饱水状态下破碎岩石承压变形时间相关性试验，研究破碎岩石承压变形特性及水对破碎岩石变形的影响，进而为研究充水条件下采空区冒落岩石变形对采动覆岩垮裂空间演化的影响和导水裂隙带发育高度提供依据。

全部垮落法开采过程中，随着采煤工作面不断地向前推进，顶板岩层不断垮落，不仅可以及时减少工作面的控顶面积，而且由于顶板垮落后破碎岩石对采空区的充填，对上覆岩层起到了一定的支承作用，从而减轻了工作面顶板压力，同时对上覆岩层运动和地表沉陷具有一定的抑制作用。采空区内垮落的破碎岩石处于一种长期承压变形的状态，时间效应极为显著，随着时间的推移，破碎岩石会因承载能力降低而减弱对覆岩的支承作用，极易加剧采空区围岩结构失稳，引发矿井突水和地表塌陷等动力灾害。对此，我国学者开展了针对破碎岩石承载变形特性的系列研究。

缪协兴等[140]采用特制的刚性圆筒配以万能试验机，试验研究了煤(岩)碎胀与压实特性；马占国等[141-143]、卜万奎[144]和杜春志等[145]采用破碎岩石压实渗透试验装置，试验分析了粒径、强度对饱和破碎岩石应力-应变特性的影响；陈占清等[146]和马占国等[147]采用破碎岩体多相耦合蠕变试验装置，试验研究了饱和破碎岩石蠕变过程中孔隙率的变化规律；张振南等[148]进行了松散岩块压实破碎的试验研究，得出了松散岩块的压实破碎规律；苏承东等[149]和陈晓祥等[150]采用压实试验装置配以 RMT-150B 型试验系统，试验研究了压实过程含水和不含水状态下破碎岩石的强度、块径、压实力与碎胀性、压实度、密度及能耗的关系；樊秀娟和茅献彪[151]采用破碎岩石承压变形仪配以普通摆锤机械式压力机，试验研究了破碎砂岩蠕变变形与轴向载荷、破碎块径的关系；冯梅梅等[152]采用自制破碎岩石压实装置，试验研究了满足连续级配的饱和破碎岩石压实特性及压实前后岩石粒径的分布规律；张季如等[153,154]采用自制的侧限压缩试验装置进行压缩试验，建立了描述粒状岩土材料的应力水平与孔隙比、体应变、相对破碎率等相关关系的数学模型；郁邦永等[155]建立了轴向位移、压缩模量和粒度分布分形维数与轴向应力之间的关系式，讨论了 Talbol（泰波）幂指数对压实变形和粒度分布的影响规律。

通过总结分析发现，现有的试验装置普遍存在有效容积小这一缺陷，随着破碎岩石粒径的增大，边界效应问题越发突出，且现有成果中大多进行的是单一级配破碎岩石或者是 Talbol 连续级配破碎岩石的相关研究。在此基础之上，研制了大尺寸（Φ40cm×68cm）破碎岩石承压变形试验系统，并利用其进行了破碎岩石初始颗粒粒径满足正态分布的承压变形试验，分析了不同轴向应力下破碎岩石的承压变形特性、试验前后粒径的变化情况，初步探明了破碎岩石的承压变形机制。

3.1　不同含水状态砂岩力学特性试验研究

3.1.1　试验设备和试件制备

3.1.1.1　试验设备

砂岩力学试验是在 MTS815.03 电液伺服试验系统上进行的，试验系统如图 3.1 所示，主要参数见表 3.1。试验过程中，岩石横向变形通过环向位移计来测量，如图 3.2 所示。

图 3.1　MTS815.03 电液伺服试验系统

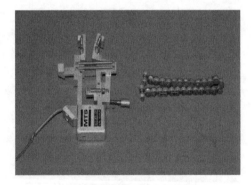

图 3.2　环向位移计

表 3.1　MTS815.03 电液伺服试验系统主要参数

指标	数值	指标	数值
轴压/kN	≤4600	伺服阀灵敏度/Hz	290
围压/MPa	≤140	数据通道数/个	10
机架刚度/(N/m)	10.5×10⁹	单轴、三轴试验试样最大直径/mm	100
液压源流量/(L/min)	31.8		

3.1.1.2　试件制备

试验选用的岩石试件为顶板砂岩，为尽可能减小岩石力学性质离散性对试验结果的影响，在现场选取完整性较好且未风化的岩块（长度＞200mm，高度为 15～20mm），密封后运回实验室进行加工。本次试验所选用的岩样均来自同一岩块。

按照国际岩石力学试验规程的要求，将取自煤矿现场的砂岩岩块加工成 Φ50mm 的标准试件，并用磨片机及砂纸对试件两端进行仔细打磨，使断面平行度控制在±0.02mm 以内，加工好的砂岩试件如图 3.3 所示。对加工好的砂岩试件进行精确尺寸测量，测量中每个参数读数 3 次，取其平均值作为最终测量结果，不同试验方案中试件编号及尺寸见表 3.2。

图 3.3　标准砂岩试件

表 3.2　砂岩试件编号及尺寸　　　（单位：mm）

试验类型	含水状态	试件编号	厚度	直径
巴西劈裂	自然状态	ZRL-1	16.20	49.18
		ZRL-2	15.48	49.18
		ZRL-3	15.60	49.16
		ZRL-4	16.42	49.22
		ZRL-5	15.48	49.10
		ZRL-6	15.02	49.12
	饱水状态	BSL-1	15.62	49.32
		BSL-2	15.72	49.22
		BSL-3	18.16	49.32
		BSL-4	15.68	49.24
		BSL-5	15.14	49.12
		BSL-6	14.34	49.28

续表

试验类型	含水状态	试件编号	厚度	直径
单轴压缩	自然状态	ZRY-1	103.34	49.22
		ZRY-2	102.42	49.24
		ZRY-3	101.68	49.30
		ZRY-4	91.22	49.10
		ZRY-5	90.84	49.26
		ZRY-6	76.58	49.28
	饱水状态	BSY-1	101.06	49.10
		BSY-2	102.76	49.22
		BSY-3	103.14	49.20
		BSY-4	90.34	49.22
		BSY-5	84.60	49.14
		BSY-6	74.72	49.16

3.1.2　砂岩吸水特征分析

　　砂岩试件制备后在室内自然干燥 10d，分别进行称量后，将砂岩试件分成自然状态和饱水状态两组。将自然状态的砂岩试件采用保鲜膜进行密封处理，尽量降低试件含水状态的变化；将需要饱水的砂岩试件放入水盆中，每隔 2h 加一次水，5 次完全浸没试件，对其进行定时称量，最终饱水 10d 制成饱水砂岩试件。饱水砂岩试件如图 3.4 所示，浸泡前后试件密度变化和吸水率见表 3.3。

图 3.4　饱水砂岩试件

表 3.3 浸泡前后试件密度和吸水率统计表

试验类型	含水状态	试件编号	自然质量/g	饱水后质量/g	自然密度/(kg/m³)	饱水后密度/(kg/m³)	吸水率/%
巴西劈裂	自然状态	ZRL-1	78.19	—	2540.8	—	—
		ZRL-2	74.21	—	2523.6	—	—
		ZRL-3	74.37	—	2511.7	—	—
		ZRL-4	79.15	—	2533.4	—	—
		ZRL-5	74.79	—	2551.6	—	—
		ZRL-6	72.23	—	2537.7	—	—
	饱水状态	BSL-1	76.14	76.77	2551.5	2572.6	0.827
		BSL-2	76.51	76.97	2558.0	2573.3	0.598
		BSL-3	89.13	89.62	2569.0	2583.2	0.553
		BSL-4	75.28	75.85	2521.2	2540.3	0.758
		BSL-5	75.21	75.58	2621.5	2634.4	0.492
		BSL-6	68.47	68.93	2503.3	2520.2	0.672
单轴压缩	自然状态	ZRY-1	510.68	—	2597.2	—	—
		ZRY-2	510.25	—	2616.2	—	—
		ZRY-3	498.21	—	2566.8	—	—
		ZRY-4	448.67	—	2597.7	—	—
		ZRY-5	446.65	—	2580.0	—	—
		ZRY-6	377.59	—	2585.1	—	—
	饱水状态	BSY-1	490.76	493.15	2564.7	2577.2	0.487
		BSY-2	498.48	500.48	2549.5	2559.7	0.400
		BSY-3	497.62	499.72	2537.8	2548.5	0.422
		BSY-4	447.2	448.62	2601.6	2609.9	0.319
		BSY-5	414.73	416.25	2584.8	2594.3	0.368
		BSY-6	372.19	373.29	2624.3	2632.1	0.297

从表 3.3 中可以看出，砂岩饱水状态下吸水率为 0.297%～0.827%，按照式 (3.1) 计算的砂岩饱水状态下吸水率平均值为 0.516%，按式 (3.2) 计算的砂岩饱水状态下吸水率标准差为 0.164%。

$$\bar{x} = \frac{1}{N}\sum_{i=1}^{N} x_i \tag{3.1}$$

$$S = \sqrt{\frac{1}{N}\sum_{i=1}^{N}(x_i - \bar{x})^2} \tag{3.2}$$

式中，$\bar{x}$ 为吸水率平均值；S 为吸水率标准差。

砂岩试件饱水过程中吸水率随时间的变化关系如图 3.5 所示。从图中可以看出，在 0～36h 吸水率增长较快，约占总量的 66.4%；在 36～120h 吸水速率均有所减缓，吸水率稳中有增；120h以后吸水速率大大减缓。吸水率与时间的关系可以用幂函数进行拟合，相关度达0.9987，试验曲线和拟合曲线拟合度较高。拟合关系如下所示：

$$y = 0.748 - \frac{0.748}{1 + (x / 52.739)^{0.537}} \tag{3.3}$$

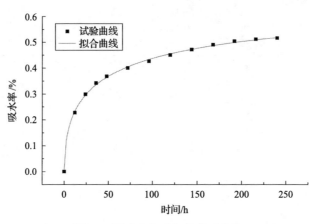

图 3.5　吸水率与时间的关系曲线

3.1.3　不同含水状态砂岩巴西劈裂试验分析

对采制的不同含水状态的砂岩试件进行巴西劈裂试验，试验装置如图 3.6 所示，试验结果见表 3.4，应力-应变曲线如图 3.7 所示。自然状态下砂岩抗拉强度为 6.28～8.26MPa，平均值为 7.50MPa；饱水状态下砂岩抗拉强度为 5.59～8.62MPa，平均值为 7.02MPa。通过对比可发现，饱水状态较自然状态下砂岩试件抗拉强度平均值降低 6.4%。

图 3.6　砂岩试件巴西劈裂试验装置

表 3.4　砂岩试件巴西劈裂试验结果

含水状态	试件编号	抗拉强度/MPa	含水状态	试件编号	抗拉强度/MPa
自然状态	ZRL-1	7.99	饱水状态	BSL-1	5.72
	ZRL-2	6.28		BSL-2	8.62
	ZRL-3	7.42		BSL-3	7.80
	ZRL-4	7.97		BSL-4	6.55
	ZRL-5	8.26		BSL-5	5.59
	ZRL-6	7.08		BSL-6	7.85
平均值		7.50	平均值		7.02

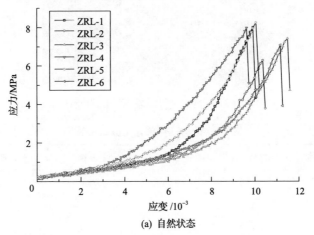

(a) 自然状态

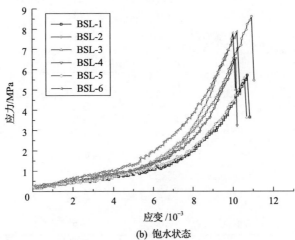

(b) 饱水状态

图 3.7　巴西劈裂试验应力-应变曲线

3.1.4 不同含水状态砂岩单轴压缩试验分析

对采制的不同含水状态的顶板砂岩试件进行单轴压缩试验，试验装置如图 3.8 所示，试验结果见表 3.5，典型应力-应变曲线如图 3.9 所示。

图 3.8　砂岩试件单轴压缩试验装置

表 3.5　砂岩试件单轴压缩试验结果

试件状态	试件编号	轴向应变/10^{-3}	横向应变/10^{-3}	单轴抗压强度/MPa	弹性模量/GPa	泊松比
自然状态	ZRY-1	8.96	−0.58	99.87	17.7	0.181
	ZRY-2	—	—	—	—	—
	ZRY-3	9.49	−2.57	96.09	16.4	0.205
	ZRY-4	10.61	−1.16	97.15	15.6	0.209
	ZRY-5	10.55	−1.58	95.97	16.3	0.203
	ZRY-6	10.55	−1.71	95.29	14.5	0.198
	平均值	10.03	−1.52	96.87	16.1	0.199
饱水状态	BSY-1	8.53	−2.78	90.27	15.3	0.204
	BSY-2	9.36	−2.60	87.76	15.2	0.211
	BSY-3	9.08	−1.62	83.13	14.7	0.219
	BSY-4	10.25	−3.70	76.75	16.1	0.210
	BSY-5	11.66	−0.77	98.70	14.5	0.206
	BSY-6	11.81	−2.12	86.67	15.6	0.207
	平均值	10.12	−2.27	87.21	15.2	0.210

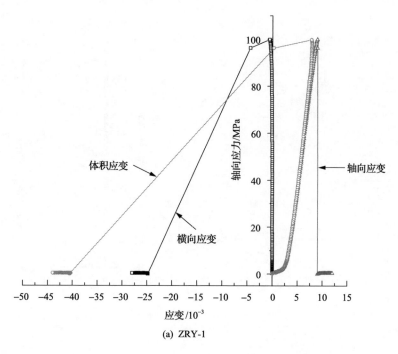

(a) ZRY-1

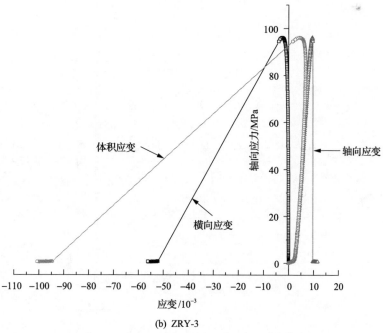

(b) ZRY-3

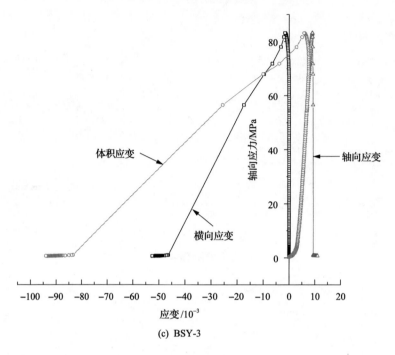

(c) BSY-3

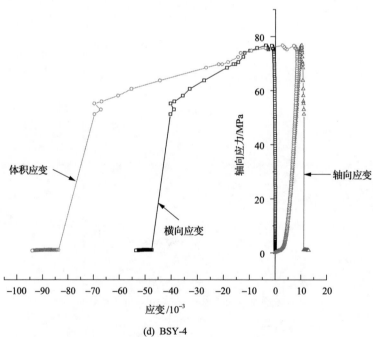

(d) BSY-4

图 3.9　单轴压缩试验典型应力-应变曲线

在试验前的试件搬运过程中，ZRY-2 试件掉落试验台磕掉了边角，因此自然状态下实际进行单轴压缩试验的试件为 5 个。自然状态下砂岩试件的单轴抗压强度为 95.29～99.87MPa，平均值为 96.87MPa；弹性模量为 14.5～17.7GPa，平均值为 16.1GPa；泊松比为 0.181～0.209，平均值为 0.199；极限轴向应变为 $8.96 \times 10^{-3} \sim 10.61 \times 10^{-3}$，平均值为 10.03×10^{-3}；极限横向应变为 $-2.57 \times 10^{-3} \sim -0.58 \times 10^{-3}$，平均值为 -1.52×10^{-3}。饱水状态下顶板砂岩单轴抗压强度为 76.75～98.70MPa，平均值为 87.21MPa；弹性模量为 14.5～16.1GPa，平均值为 15.2GPa；泊松比为 0.204～0.219，平均值为 0.210；极限轴向应变为 $8.53 \times 10^{-3} \sim 11.81 \times 10^{-3}$，平均值为 10.12×10^{-3}；极限横向应变为 $-3.70 \times 10^{-3} \sim -0.77 \times 10^{-3}$，平均值为 -2.27×10^{-3}。通过对比可以发现，饱水状态较自然状态下砂岩试件单轴抗压强度平均值降低 9.97%，弹性模量平均值降低 5.59%，泊松比增加 5.53%，达到单轴抗压强度极值时的轴向应变平均值增加 0.9%，横向应变平均值增加 49.34%。

3.2　破碎岩石承压变形试验设计

3.2.1　试验设备及试验方案

3.2.1.1　试验设备

破碎岩石承压变形试验是在改装后的水砂突涌试验系统上进行的，将原试验系统的试验舱底座改装为与原试验舱配套的下舱体，有效增加了试验舱的体积，试验系统如图 3.10 所示，主要参数见表 3.6。

3.2.1.2　试验方案

采空区冒落岩石承受的压力主要来自上覆岩层的压力，压力的大小与断裂岩层的高度直接相关，随着断裂岩层高度的增大而增大。在顶板两次来压之间的时间段内，作用在冒落岩石上的压力基本不变，与上覆断裂岩层的自重应力基本相同；在顶板来压时，作用在冒落岩石上的压力会迅速增加，增量约等于此次来压过程中上覆岩层新断裂岩层的自重应力。因而冒落岩石在采空区内的受力状态不是线性增加的，而是呈现出一种阶梯状增大的趋势。因此，在破碎岩石承压变形试验中，设计采用梯形分级加载的方式。

各级轴向载荷分别为 100kN、200kN、300kN、400kN、500kN，加载梯度为 100kN。试验正式开始之前对破碎岩石施加 20kN 的预应力，待破碎岩石变形稳定后(约 15min)，采用 0.5kN/s 的加载速率将轴向载荷增至一级载荷 100kN，并维持 4h，而后采用 0.5kN/s 的加载速率将轴向载荷增至二级载荷 200kN，并维持 4h，依次逐级增加轴向载荷直至试验完成。

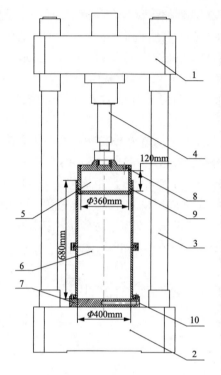 

(a) 系统装配图　　　　　　　　　　(b) 系统实物图

图 3.10　改装后的水砂突涌模拟试验系统

1-试验系统横梁；2-试验系统底座；3-立柱；4-加载油缸；5-加载压头兼承压水舱；
6-试验舱；7-试验舱底座；8-进水口；9-密封圈；10-出水(气)口

表 3.6　改装后的水砂突涌模拟试验系统主要参数

指标	数值	指标	数值
轴压/kN	≤600	轴压精度/kN	0.01
水压/MPa	≤2	水压精度/MPa	0.01
液压缸位移/mm	≤500	位移精度/mm	0.01
试验舱直径/mm	400	试验舱高度/mm	680

3.2.2　破碎砂岩粒径级配设计

　　根据国内外学者的相关研究[156-158]，考虑到尺寸效应的影响，要求试样直径与岩石最大粒径比值 $D/d_{max} \geqslant 5$，由于试验舱内径为 400mm，试验机可取的岩石最大粒径为 80mm。为将尺寸效应对试验结果的影响降到最低，试验中选取的岩石最大粒径为 40mm。将大块完整顶板砂岩捣碎成粒径不超过 40mm 的破碎岩块，用公称粒径 5mm、10mm、15mm、20mm、25mm、30mm、35mm 和 40mm 的方孔筛逐级筛分，如图 3.11 所示。筛分后的破碎岩块分为 5～10mm、10～15mm、15～20mm、20～25mm、25～30mm、30～35mm 和 35～40mm 7 个等级，筛分好的破碎岩块如图 3.12 所示。按照正态分布对破碎岩块进行配比，使破碎岩块粒径比例符合正态分布，如图 3.13 所示。

图 3.11　方孔筛

图 3.12　筛分好的破碎岩块

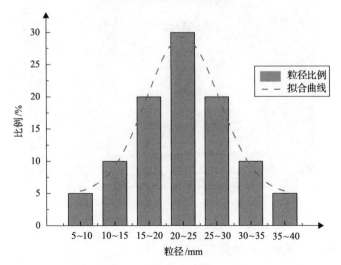

图 3.13　破碎岩块级配设计

　　岩石的碎胀性指岩石破碎以后的体积将比整体状态下增大，通常用碎胀系数或孔隙率表示，分别按式(3.4)或式(3.5)计算：

$$K = \frac{V_1}{V_0} \tag{3.4}$$

$$P = \frac{V_1 - V_0}{V_0} = K - 1 \tag{3.5}$$

式中，K 为碎胀系数；V_0 为完整岩块的体积；V_1 为完整岩块破碎后的体积；P 为孔隙率。

　　考虑到试验舱直径为 400mm、高度为 680mm，并且需为加载压头预留一定的活动空间，将试验舱内破碎岩石的装样高度设为 655mm，则装入的破碎岩石的总质量为 110kg，总体积为 0.08231m^3，即 $V_1 = 0.08231\text{m}^3$，则试验舱中 7 种不同粒径的破碎岩石的质量按照粒径由小到大分别为 5.5kg、11kg、22kg、33kg、22kg、11kg 和 5.5kg；完整岩石的密度为 2.54g/cm^3，试验舱中破碎岩石换算为完整岩石所占体积为 0.043307m^3，即 $V_0 = 0.043307\text{m}^3$。因此破碎岩石初始碎胀系数 $K = 1.9$，孔隙率 $P = 0.9$。装配好的破碎岩石试样如图 3.14 所示。

图 3.14　装配好的破碎岩石试样

3.2.3　破碎岩石承压变形应力分布特征

　　在破碎岩石承压变形试验过程中，沿试验舱内壁将产生较大的方向向上的摩擦力，这使试验舱底部破碎岩石承受的压应力比加载在破碎岩石体上表面的载荷要小[159]。考虑到试验舱直径为 400mm，装样高度初始值为 655mm，因此试验舱属于窄而高的容器。设 h 为试验舱中破碎岩石的高度，A 为试验舱的横截面积，L 为截面周长。破碎岩体侧壁和底部的压应力分布如图 3.15 所示[160]。

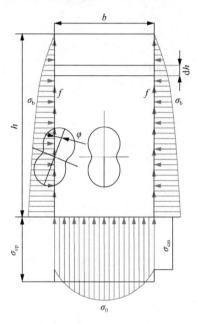

图 3.15　破碎岩体侧壁和底部的压应力分布

3.2.3.1　侧压应力

试验过程中，在轴向载荷的作用下试验舱内的破碎岩石会产生轴向压缩变形。此时的摩擦力 $f = \mu\sigma_b$，作用在破碎岩石上，方向向上，其中 σ_b 为破碎岩石对侧壁的压应力，μ 为破碎岩石与侧壁的摩擦系数。取无限破碎岩层高度 dh 的一层为单元体，作用在其上的垂直力的微分方程为

$$A\rho g dh + \sigma_{cp} A = (\sigma_{cp} + d\sigma_{cp}) A + fL dh \tag{3.6}$$

式中，σ_{cp} 为面积 A 上的平均垂直压应力；ρ 为破碎岩体密度；g 为重力加速度。

用 n' 表示侧压应力与平均垂直压应力的比值，则

$$n' = \frac{\sigma_b}{\sigma_{cp}} \tag{3.7}$$

将 σ_{cp} 代入式(3.6)可得

$$dh = \frac{d\sigma_b}{\rho g n' - \frac{\mu L n'}{A}\sigma_b} \tag{3.8}$$

对式(3.8)进行积分可得

$$h = -\frac{A}{\mu L n'}\int_0^{\sigma_b}\frac{d\left(\rho g n' - \frac{\mu L n'}{A}\sigma_b\right)}{\rho g n' - \frac{\mu L n'}{A}\sigma_b} = \frac{A}{\mu L n'}\ln\frac{\rho g n'}{\rho g n' - \frac{\mu L n'}{A}\sigma_b} \tag{3.9}$$

因此，侧压应力为

$$\sigma_b = \frac{\rho g A}{\mu L}\left(1 - \frac{1}{e^{\frac{\mu L n' h}{A}}}\right) \tag{3.10}$$

侧压应力随 h 的增加而缓慢增加，并趋近其极限值：

$$\sigma_{b\,max} = \frac{\rho g A}{\mu L} \tag{3.11}$$

3.2.3.2　垂直压应力

试验过程中，在轴向载荷的作用下试验舱内的破碎岩石受竖直方向的摩擦力，近试验舱壁处极坐标应力图主轴偏转角为 φ，近试验舱壁处垂直压应力 σ_{cm} 为

$$\sigma_{cm} = \frac{\sigma_0}{n''} \tag{3.12}$$

式中，n'' 为考虑摩擦力影响后近壁处的侧压应力系数：

$$n'' = \frac{1}{1 + 2\mu_0^2 + 2\sqrt{(1+\mu_0^2)(\mu_0^2 - \mu^2)}} \tag{3.13}$$

式中，μ_0 为破碎岩体的内摩擦系数，$\mu_0 = \tan\varphi$。

由式(3.12)和式(3.13)可得

$$\sigma_{cm} = \sigma_b\left[1 + 2\mu_0^2 + 2\sqrt{(1+\mu_0^2)(\mu_0^2 - \mu^2)}\right] \tag{3.14}$$

由于试验舱中心处水平切应力等于 0，极坐标正应力图的主轴垂直于试验舱底面。在试验舱底部附近区域，切应力随试验舱深度的增加而增加，但变化很小，

因此可设侧压应力沿试验舱断面不变，则试验舱中心处垂直压应力为

$$\sigma_0 = \frac{\sigma}{n''_{\min}} \tag{3.15}$$

由于试验舱中心处切应力为 0，将 $\mu = 0$ 代入式 (3.13) 中，得最小侧压应力系数 $n''_{\min}$ 为

$$n''_{\min} = \frac{1}{1+2\mu_0^2+2\mu_0\sqrt{1+\mu_0^2}} = \frac{1-\dfrac{\mu_0}{\sqrt{1+\mu_0^2}}}{1+\dfrac{\mu_0}{\sqrt{1+\mu_0^2}}} = \frac{1-\sin\varphi}{1+\sin\varphi} \tag{3.16}$$

σ_{cm} 和 σ_0 之间的垂直压应力 σ 值由切应力按线性关系来确定，即

$$\sigma_b\mu : \frac{b}{2} = \tau : x \quad \Rightarrow \tau = \sigma_b\mu\frac{2x}{b} \tag{3.17}$$

式中，τ 为 x 处的切应力值；b 为试验舱的半径；x 为垂直压应力值计算点距试验舱中心的距离。

以 $\mu\dfrac{2x}{b}$ 代替式 (3.14) 中的 μ 得到 σ 的一般表达式：

$$\sigma = \sigma_b\left[1+2\mu_0^2+2\sqrt{1+\mu_0^2\left(\mu_0^2-\mu^2\frac{4x^2}{b^2}\right)}\right] \tag{3.18}$$

3.3 破碎岩石承压变形试验研究

3.3.1 自然状态破碎岩石承压变形试验研究

将搅拌均匀的自然状态破碎岩石试样装入试验舱内并铺设平整后，对其进行分级加载试验，轴向载荷-时间曲线、轴向变形-时间曲线如图 3.16 所示，碎胀系数-时间、孔隙率-时间曲线如图 3.17 所示。加载过程中自然状态破碎岩石参数变化情况见表 3.7。

随着轴向载荷的增加，破碎岩石轴向变形呈现逐渐增大的趋势，500kN 恒载结束时轴向应变最终值为 137.496×10^{-3}；碎胀系数和孔隙率呈现逐渐减小的趋势，破碎岩石碎胀系数由 1.901 降为 1.639，孔隙率由 0.901 变为 0.639；试验过程中，加载阶段较恒载阶段破碎岩石的轴向变形更为明显。

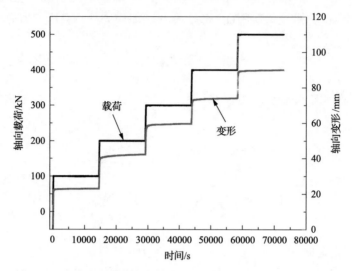

图 3.16　自然状态破碎岩石轴向载荷-时间、轴向变形-时间曲线

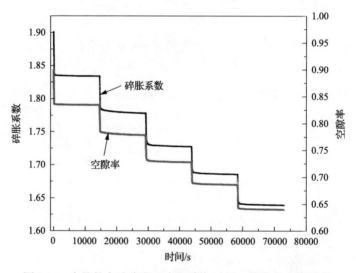

图 3.17　自然状态破碎岩石碎胀系数-时间、孔隙率-时间曲线

表 3.7　自然状态破碎岩石试验过程中参数变化统计表

试验阶段	变形				碎胀系数			孔隙率		
	起始/mm	终止/mm	差值/mm	应变/10⁻³	起始	终止	差值	起始	终止	差值
20~100kN 加载	0	20.82	20.82	31.786	1.901	1.840	0.061	0.901	0.840	0.061
100kN 恒载	20.82	23.01	2.19	3.344	1.840	1.834	0.006	0.840	0.834	0.006
100~200kN 加载	23.01	38.38	15.37	23.466	1.834	1.789	0.045	0.834	0.789	0.045

续表

试验阶段	变形				碎胀系数			孔隙率		
	起始/mm	终止/mm	差值/mm	应变/10^{-3}	起始	终止	差值	起始	终止	差值
200kN 恒载	38.38	42.23	3.85	5.878	1.789	1.778	0.011	0.789	0.778	0.011
200～300kN 加载	42.23	54.47	12.24	18.687	1.778	1.743	0.035	0.778	0.743	0.035
300kN 恒载	54.47	59.67	5.20	7.939	1.743	1.727	0.016	0.743	0.727	0.016
300～400kN 加载	59.67	68.88	9.21	14.061	1.727	1.701	0.026	0.727	0.701	0.026
400kN 恒载	68.88	74.07	5.19	7.924	1.701	1.686	0.015	0.701	0.686	0.015
400～500kN 加载	74.07	85.49	11.42	17.435	1.686	1.653	0.033	0.686	0.653	0.033
500kN 恒载	85.49	90.06	4.57	6.977	1.653	1.639	0.014	0.653	0.639	0.014

为了更直观地展现恒载阶段自然状态破碎岩石轴向变形的变化特征，将恒载情况下的轴向应变随时间的变化情况用图 3.18 表示。由图可见，恒载初期轴向应变增长较快，之后增长趋势逐渐变缓，恒载末期轴向应变趋于平稳。

自然状态破碎岩石轴向载荷加载阶段和恒载阶段应变差曲线如图 3.19 所示。

加载阶段：在加载阶段初期，轴向应变差值随着载荷的增大呈现减小的趋势，且试验过程中试验盒中无明显岩石破裂的声音，表明在该载荷加载阶段破碎岩石未出现明显破裂，轴向应变增大主要是由破碎岩石中较大颗粒位置调整及小颗粒滑动填充空隙引起的；在加载阶段初期，载荷作用后的破碎岩石形成一个较稳定的支承结构，在轴向载荷由 300kN 加载至 400kN 过程中，轴向应变差值达到最小值 14.061×10^{-3}；在轴向载荷由 400kN 加载至 500kN 过程中，轴向应变差值出现反弹增大趋势，且试验过程中试验盒中有明显岩石破裂的声音，表明在该载荷加

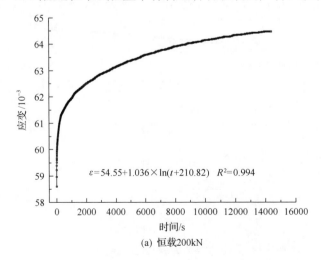

(a) 恒载200kN

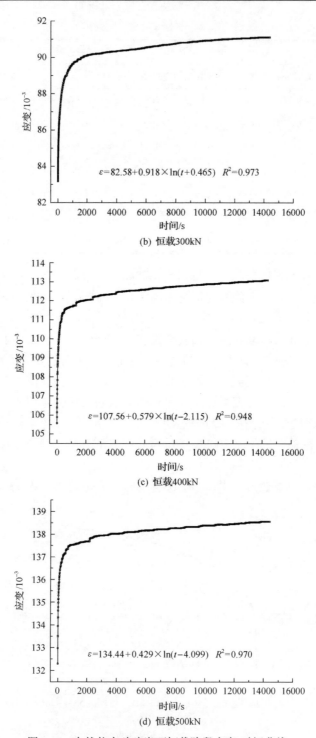

(b) 恒载300kN

(c) 恒载400kN

(d) 恒载500kN

图 3.18　自然状态破碎岩石恒载阶段应变-时间曲线

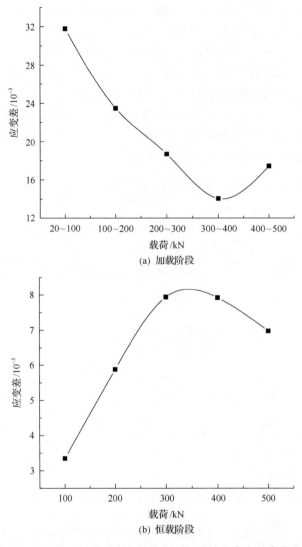

图 3.19　自然状态破碎岩石加载阶段和恒载阶段应变差变化曲线

载阶段破碎岩石出现集中破坏现象，轴向应变增大的原因除了破碎岩石中较大颗粒位置调整及小颗粒滑动填充空隙外，还包括破碎岩石压碎产生的小颗粒滑入岩块空隙。

恒载阶段：在恒载阶段初期，轴向应变差值随着恒定载荷的增大呈现增大的趋势，在恒定载荷为 300kN 过程中，轴向应变差值达到最大值 7.939×10^{-3}；在恒定载荷为 400kN 和 500kN 过程中，随着恒定载荷的增大，轴向应变差值逐渐减小，这也从另一个角度说明，轴向载荷较小时，轴向应变增大主要是由破碎岩石中较大颗粒位置调整及小颗粒滑动填充空隙引起的；轴向载荷较大时，轴向变形增大的原因还包括破碎岩石压碎产生的小颗粒滑入岩块空隙中。

　　对自然状态破碎岩石试验后的粒径重新进行筛分和称量，粒径为 0～5mm、5～10mm、10～15mm、15～20mm、20～25mm、25～30mm、30～35mm 和 35～40mm 的破碎岩石的质量分别为 5.86kg、9.75kg、19.33kg、22.16kg、25.91kg、14.74kg、9.87kg 和 2.37kg，试验前后不同粒径破碎岩石质量变化见表 3.8，破碎岩石中不同粒径所占比例变化情况如图 3.20 所示。试验后，粒径＜15mm 的破碎岩石含量均有不同程度的增加，粒径为 15～20mm 的破碎岩石含量基本不变，粒径＞20mm 的破碎岩石含量则均有不同程度的减少。

表 3.8　自然状态破碎岩石试验前后不同粒径破碎岩石质量变化统计表

破碎岩石粒径/mm	0～5	5～10	10～15	15～20	20～25	25～30	30～35	35～40
试验前质量/kg	0	5.5	11	22	33	22	11	5.5
试验后质量/kg	5.86	9.75	19.33	22.16	25.91	14.74	9.87	2.37

注：由于存在测量误差或试验后破碎岩石收集过程中存在损失，试验后破碎岩石的总质量较试验前少 0.01kg。

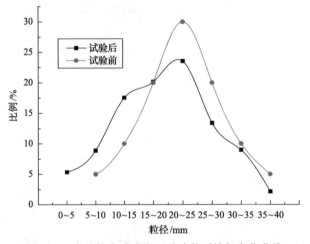

图 3.20　自然状态破碎岩石试验前后粒径变化曲线

3.3.2　饱水状态破碎岩石承压变形试验研究

　　将搅拌均匀的饱水状态破碎岩石试样装入试验舱内并铺设平整后，对其进行分级加载试验，轴向载荷-时间曲线、轴向变形-时间曲线如图 3.21 所示，碎胀系数-时间、孔隙率-时间曲线如图 3.22 所示。试验过程中饱水状态破碎岩石参数变化情况见表 3.9。随着轴向载荷的增加，破碎岩石轴向变形呈现逐渐增大的趋势，400kN 恒载结束时最终轴向应变值为 138.931×10^{-3}；碎胀系数和孔隙率呈现逐渐减小的趋势，破碎岩石碎胀系数由 1.901 降为 1.637，孔隙率由 0.901 变为 0.637；试验过程中，加载阶段较恒载阶段破碎岩石的轴向变形更为明显。

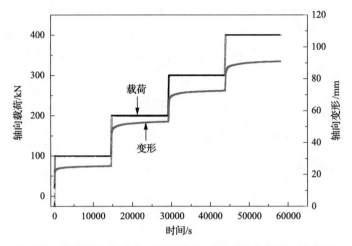

图 3.21　饱水状态破碎岩石轴向载荷-时间、轴向变形-时间曲线

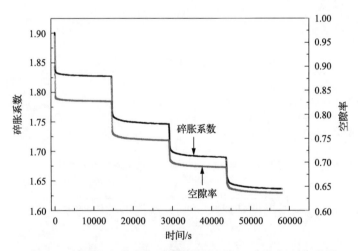

图 3.22　饱水状态破碎岩石碎胀系数-时间、孔隙率-时间曲线

表 3.9　饱水状态破碎岩石试验过程中参数变化统计表

试验阶段	变形				碎胀系数			孔隙率		
	起始/mm	终止/mm	差值/mm	应变/10⁻³	起始	终止	差值	起始	终止	差值
20~100kN 加载	0	21.27	21.27	32.473	1.901	1.839	0.062	0.901	0.839	0.062
100kN 恒载	21.27	25.30	4.03	6.153	1.839	1.827	0.012	0.839	0.827	0.012
100~200kN 加载	25.30	45.10	19.80	30.229	1.827	1.770	0.057	0.827	0.770	0.057
200kN 恒载	45.10	53.19	8.09	12.351	1.770	1.746	0.024	0.770	0.746	0.024
200~300kN 加载	53.19	64.26	11.07	16.901	1.746	1.714	0.032	0.746	0.714	0.032
300kN 恒载	64.26	72.61	8.35	12.748	1.714	1.690	0.024	0.714	0.690	0.024
300~400kN 加载	72.61	81.75	9.14	13.954	1.690	1.663	0.027	0.690	0.663	0.027
400kN 恒载	81.75	91.00	9.25	14.122	1.663	1.637	0.026	0.663	0.637	0.026

　　为了更直观地展现恒载阶段饱水状态破碎岩石轴向变形的变化特征，将恒载情况下的轴向应变随时间的变化情况用图 3.23 表示。由图可知，恒载初期轴向应变增长较快，之后增长趋势逐渐变缓，恒载末期轴向应变趋于平稳。

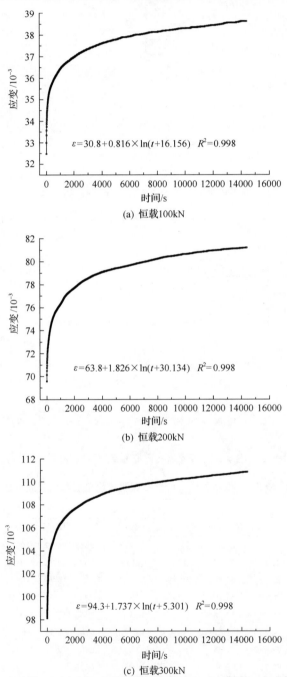

$\varepsilon=30.8+0.816\times\ln(t+16.156)$　　$R^2=0.998$

(a) 恒载100kN

$\varepsilon=63.8+1.826\times\ln(t+30.134)$　　$R^2=0.998$

(b) 恒载200kN

$\varepsilon=94.3+1.737\times\ln(t+5.301)$　　$R^2=0.998$

(c) 恒载300kN

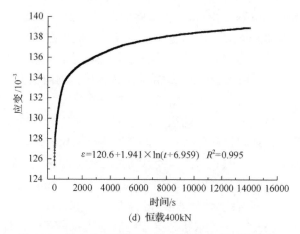

$$\varepsilon = 120.6 + 1.941 \times \ln(t + 6.959) \quad R^2 = 0.995$$

(d) 恒载400kN

图 3.23　饱水状态破碎岩石恒载阶段应变-时间曲线

饱水状态破碎岩石轴向载荷加载阶段和恒载阶段应变差如图 3.24 所示。

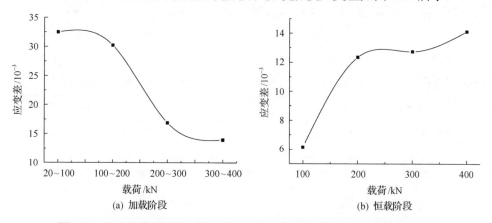

(a) 加载阶段　　　　　　　　　　　　　(b) 恒载阶段

图 3.24　饱水状态破碎岩石轴向载荷加载阶段和恒载阶段应变差变化曲线

　　加载阶段：轴向应变差值整体随着载荷的增大呈现减小的趋势，在加载阶段初期，虽然轴向变形变化较大，但试验盒中无明显岩石破裂的声音，表明在该载荷加载阶段破碎岩石未出现明显破裂，轴向应变增大主要是由破碎岩石中较大颗粒位置调整及小颗粒滑动填充空隙引起的；在加载阶段初期，载荷作用后的破碎岩石形成一个较稳定的支承结构，随着载荷的进一步增加，轴向应变差值逐渐变小；在轴向载荷由 300kN 加载至 400kN 过程中，试验盒中有明显岩石破裂的声音，表明在该载荷加载阶段破碎岩石出现集中破坏现象，轴向应变增大的原因除了破碎岩石中较大颗粒位置调整及小颗粒滑动填充空隙外，还包括破碎岩石压碎产生的小颗粒滑入岩块空隙。

　　恒载阶段：轴向应变差值随着恒定载荷的增大呈现增大的趋势，在恒载阶段初期，由于载荷较小，破碎岩石未获得足够的能量用于克服破碎岩石间的摩擦力，且破碎岩石未出现明显破裂，轴向应变差值较小；随着载荷的增大，破碎岩石克服颗粒间的摩擦力的能力明显增强，且破碎岩石出现集中破坏现象，轴向应变差值逐渐增加；在恒定载荷为 200kN 和 300kN 过程中，轴向应变差值基本相同；在恒定载荷为 400kN 过程中，轴向应变差值出现一个突增，这也从另一个角度说明，轴向载荷较大时，轴向应变增大的原因除了破碎岩石中较大颗粒位置调整及小颗粒滑动填充空隙外，还包括破碎岩石压碎产生的小颗粒滑入岩块空隙。

对饱水状态破碎岩石试验后的粒径重新进行筛分和称量，粒径为 0～5mm、5～10mm、10～15mm、15～20mm、20～25mm、25～30mm、30～35mm 和 35～40mm 的破碎岩石的质量分别为 6.43kg、8.90kg、11.47kg、22.28kg、29.35kg、16.55kg、9.75kg 和 5.26kg，饱水状态试验前后不同粒径破碎岩石质量变化对比见表 3.10，破碎岩石中不同粒径所占比例变化情况如图 3.25 所示。试验后，新产生粒径小于 5mm 的破碎岩石 6.43kg，粒径为 5～10mm 的破碎岩石含量增加 3.4kg，粒径为 10～15mm 和为 15～20mm 的破碎岩石含量有少量增加，粒径为 20～25mm、25～30mm 和 30～35mm 的破碎岩石含量有所减小，粒径为 35～40mm 的破碎岩石含量有少量减小。

表 3.10　饱水状态破碎岩石试验前后不同粒径破碎岩石质量变化统计表

破碎岩石粒径/mm	0～5	5～10	10～15	15～20	20～25	25～30	30～35	35～40
试验前质量/kg	0	5.5	11	22	33	22	11	5.5
试验后质量/kg	6.43	8.90	11.47	22.28	29.35	16.55	9.75	5.26

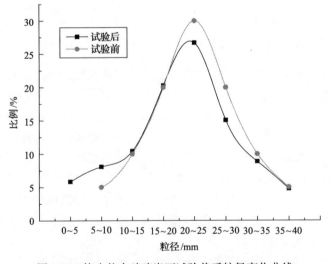

图 3.25　饱水状态破碎岩石试验前后粒径变化曲线

3.3.3　水对破碎岩石承压变形特性影响分析

将自然状态和饱水状态破碎岩石试样在不同加载阶段和恒载阶段的应变差值用图 3.26～图 3.28 表示。

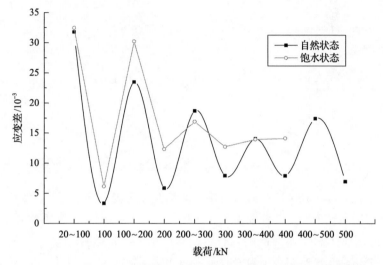

图 3.26　不同含水状态破碎岩石在不同试验阶段应变差变化曲线

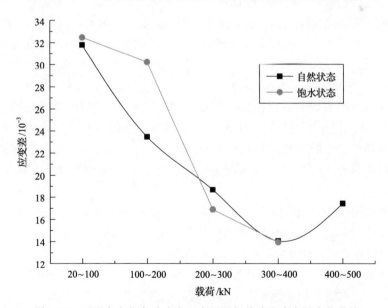

图 3.27　不同含水状态破碎岩石在不同加载阶段应变差变化曲线

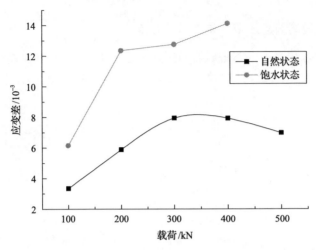

图 3.28   不同含水状态破碎岩石在不同恒载阶段应变差变化曲线

加载阶段：20~100kN 加载过程中，即轴向载荷较小情况下，自然状态和饱水状态下破碎岩石轴向应变差分别为 31.8×10^{-3} 和 32.5×10^{-3}，二者基本相同，说明在轴向载荷较小情况下，水对破碎岩石压缩变形基本没有影响；100~200kN 加载过程中，自然状态和饱水状态下破碎岩石轴向应变差分别为 23.5×10^{-3} 和 30.2×10^{-3}，饱水状态较自然状态破碎岩石轴向应变差增大 6.7×10^{-3}，说明在此加载载荷作用下，水对破碎岩石压缩变形起到了促进作用，水充当了破碎岩石颗粒间的润滑剂，有利于破碎岩石中较大颗粒位置调整及小颗粒滑动填充空隙；200~300kN 加载过程中，自然状态和饱水状态下破碎岩石轴向应变差分别为 18.7×10^{-3} 和 16.9×10^{-3}，饱水状态较自然状态破碎岩石轴向应变差有所减小，这是由于在这之前饱水状态下的破碎岩石累计轴向应变值已经达到 81.2×10^{-3}，而自然状态下的破碎岩石累计轴向应变值仅为 64.5×10^{-3}，饱水状态较自然状态破碎岩石中较大颗粒位置调整及小颗粒滑动填充空隙更为充分；300~400kN 加载过程中，自然状态和饱水状态下破碎岩石轴向应变差分别为 14.1×10^{-3} 和 14.0×10^{-3}，二者基本相同。

恒载阶段：在恒载作用下，饱水状态较自然状态的破碎岩石轴向应变差皆较大，100kN、200kN、300kN 和 400kN 恒载作用下，饱水状态较自然状态的破碎岩石轴向应变差分别增加 2.8×10^{-3}、6.5×10^{-3}、4.8×10^{-3} 和 6.2×10^{-3}，说明水对破碎岩石压缩变形具有较强的促进作用，充当了破碎岩石颗粒间的润滑剂，有利于破碎岩石中较大颗粒位置调整及原始或新生小颗粒滑动填充空隙。

对自然状态和饱水状态破碎岩石试验后的粒径重新进行筛分和称量，试验前后不同粒径破碎岩石质量变化对比见表 3.11，破碎岩石中不同粒径所占比例变化情况如图 3.29 所示。试验后，自然状态和饱水状态破碎岩石新产生粒径小于 5mm

的破碎岩石分别为 5.86kg 和 6.43kg；粒径为 5～10mm 的破碎岩石质量分别增加
4.25kg 和 3.40kg；粒径为 10～15mm 的自然状态破碎岩石质量增加 8.33kg，饱水
状态破碎岩石质量基本不变；粒径为 20～25mm、25～30mm 和 30～35mm 的破
碎岩石质量有所减小；粒径为 35～40mm 的自然状态破碎岩石质量减小 3.13kg，
饱水状态破碎岩石含量稍有减小。值得说明的是，自然状态破碎岩石试验终止时
的载荷为 500kN，饱水状态破碎岩石试验终止时的载荷为 400kN，此时二者轴向
应变就基本相同，若二者试验终止时的载荷皆为 500kN，则饱水状态下破碎岩石
轴向应变定还会增加，破碎岩石中较小粒径岩石的含量也定会有所增加。

表 3.11　不同含水状态破碎岩石试验前后不同粒径破碎岩石质量变化统计表

破碎岩石粒径/mm	0～5	5～10	10～15	15～20	20～25	25～30	30～35	35～40
试验前质量/kg	0	5.5	11	22	33	22	11	5.5
自然状态试验后质量/kg	5.86	9.75	19.33	22.16	25.91	14.74	9.87	2.37
饱水状态试验后质量/kg	6.43	8.90	11.47	22.28	29.35	16.55	9.75	5.26

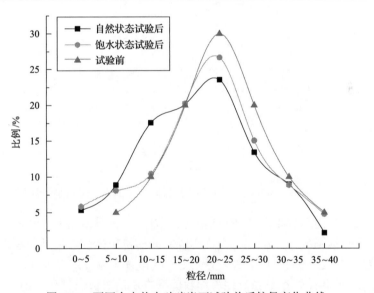

图 3.29　不同含水状态破碎岩石试验前后粒径变化曲线

通过饱水状态和自然状态下破碎岩石承压变形特性的对比分析可以发现，在
研究上覆岩层运动及采场稳定性时，要充分考虑水对冒落的顶板岩石的影响，破
碎岩石在承压过程中，压缩变形主要包括两个方面：①破碎岩石中较大颗粒位置
调整及小颗粒滑动填充空隙；②破碎岩石压碎产生的小颗粒滑入岩块空隙。轴向
载荷较小时，轴向变形主要由破碎岩石中较大颗粒位置调整及小颗粒滑动填充空
隙引起；轴向载荷较大时，轴向变形除了由破碎岩石中较大颗粒位置调整及小颗

粒滑动填充空隙引起外，还包括破碎岩石压碎产生的小颗粒滑入岩块空隙。

3.3.4 破碎岩石变形机制

假定破碎岩石试样中颗粒 j 与其他颗粒间有 n 个接触，施加载荷后，第 i 个接触对应的作用力、接触面积分别为 P_i、$\delta_i (i=1, 2, \cdots, n)$。取颗粒 j 的某一接触面 F 作为研究对象，假定有 m 个接触，必定有 $m \leqslant n$，如图 3.30 所示，则接触面 F 上的正应力 σ_F、剪应力 τ_F 分别为

$$\sigma_F = \sum_{i=1}^{m}\sigma_i = \sum_{i=1}^{m}\frac{P_i}{\delta_i}\cos\alpha_i \tag{3.19}$$

$$\tau_F = \sum_{i=1}^{m}\tau_i = \sum_{i=1}^{m}\frac{P_i}{\delta_i}\sin\alpha_i \tag{3.20}$$

式中，α_i 为接触面法线与作用力的交角。

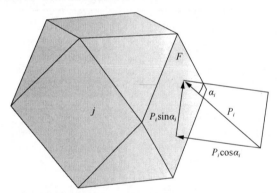

图 3.30　颗粒 j 与其他颗粒的某一接触面 F 上的一个接触作用示意图

总正应力方向总体上对该颗粒形成压应力，在一般情况下，其值要小于破碎岩石颗粒的破损强度 σ_s，因而不会产生颗粒间的挤压破碎。但是，在破碎岩石颗粒一些棱角或边缘接触的局部软弱界面上，其破损强度 σ_{sm} 常小于对应的接触挤压应力 σ_{im}，其中有 K 个颗粒软弱界面将因受挤压而破碎、细化，即

$$\sigma_{im}^{k} \geqslant \sigma_{sm}^{k} \quad (k=1,2,\cdots,K) \tag{3.21}$$

在宏观上，破碎岩石的棱角和软弱界面将产生因压碎而引起的变形，其总量 ε_1 为

$$\varepsilon_1 = \sum_{k=1}^{K}\int(\sigma_{im}^{k} - \sigma_{sm}^{k})\mathrm{d}\zeta_k \tag{3.22}$$

式中，ζ_k 为压缩柔量，等于应变与挤压应力之比。

此外，由式(3.20)可知，剪应力在颗粒破损表面上形成切向应力 τ_k，由于接触面积很小，可将该切应力近似为均匀分布，则第 k 个接触面上的切应力对颗粒 j 重心的力矩 T_k 为

$$T_k = \tau_k \cdot r_k \cdot \delta_k \tag{3.23}$$

式中，r_k 为接触面距颗粒重心的力矩半径；τ_k 为第 k 个接触面上的切向应力；δ_k 为第 k 个接触面上的接触面积。

通过颗粒重心某一局部坐标(ξ-η 平面)的所有剪应力力矩矢量之和为

$$T_{m\xi} = \sum_{k=1}^{K} T_k \xi_k = \sum_{k=1}^{K} P_k \sin \alpha_k r_k \xi_k \tag{3.24}$$

$$T_{m\eta} = \sum_{k=1}^{K} T_k \eta_k = \sum_{k=1}^{K} P_k \sin \alpha_k r_k \eta_k \tag{3.25}$$

式中，ξ_k、η_k 为局部坐标投影系数，分别等于剪应力在平面 ξ 和 η 上的投影值与原始值的比值；P_k 为第 k 个接触面上的作用力；α_k 为接触面法线与作用力的夹角。

两个力矩一般不为 0，因而挤压破碎的颗粒在力矩作用下产生细微的转动或滑移，总是向着能够移动的薄弱空间移动，进而起到填充空隙的作用，其应变 ε_2 为

$$\varepsilon_2 = \sum_{k=1}^{K} \int T_k (\xi_k \mathrm{d}\theta_\xi^k + \eta_k \mathrm{d}\theta_\eta^k) \tag{3.26}$$

式中，θ_ξ、θ_η 为剪切柔量，等于应变与剪切应力之比。

破碎岩石承压变形中的塑性应变 ε 为

$$\varepsilon = \varepsilon_1 + \varepsilon_2 = \sum_{k=1}^{K} \int (\sigma_{im}^k - \sigma_{sm}^k) \mathrm{d}\zeta_k + \sum_{k=1}^{K} \int T_k (\xi_k \mathrm{d}\theta_\xi^k + \eta_k \mathrm{d}\theta_\eta^k) \tag{3.27}$$

单从应变值的数量级可以看出，$\varepsilon_2 > \varepsilon_1$，因此由滑移填充空隙引起的破碎岩石变形要大于破碎岩石软弱界面被压碎引起的变形，也就是说，颗粒细化填充空隙是破碎岩石承压产生变形的主要原因[161]。

破碎岩石的承压变形试验主要分为两个阶段：瞬时压缩变形阶段和长期压缩变形阶段[162]。

(1)瞬时压缩变形阶段：随着载荷的增加，破碎岩石逐渐变密实，其特征是变形显著，加载阶段轴向变形占到了破碎岩石试样全部变形的 76.7%，时间较短，

载荷停止增加时，变形也基本停止。此阶段破碎岩石颗粒间以脆性接触为主，主要表现为颗粒的分解细化、滑移填充和结构调整，也伴有破碎岩石棱角的破碎，这一现象随着载荷的增加越发显著，但细化颗粒对空隙的填充不太充分，变形也仅停留在一个相对稳定的状态。

(2)长期压缩变形阶段：载荷处于一个恒定状态，虽然对破碎岩石冲击式的碾压已结束，但颗粒间应力的重新分布同样会导致颗粒棱角或软弱颗粒的破碎和细化，颗粒滑移、排列得到进一步调整，在宏观上表现为缓慢变形。

第4章　水砂突涌试验系统研制及试验研究

4.1　水砂突涌试验系统研制

4.1.1　试验系统研制背景

地下采掘工程具有隐蔽性的特点，使得采煤引起的覆岩裂隙中水砂运移和突涌的机制难以借助现场观测进行研究，室内试验成为解决这一问题的有效手段。有关学者对相关试验设备进行了设计或改装并运用其进行了模拟试验研究。汤爱平等[163]设计了高0.8m、直径1.8m的密闭容器配以加压和测量装置，模拟了突水涌砂过程，初步确定了与突水涌砂相关的因素；隋旺华等[164,165]、隋旺华和董青红[166]将TST-70型渗透仪进行改装，对松散层经过采煤上覆垮落带和裂隙带发生渗透变形破坏的类型和机制进行了模拟试验，发现突砂口张开程度和含水层的初始水头是影响矿井工作面突砂量的关键因素；Dong等[167]、杨伟峰[168]、杨伟峰等[169,170]设计了以直径为0.6m的试验罐和长度为0.5～2.0m的圆柱状试验桶为主体的水砂混合流运移及突涌试验装置，揭示了孔隙水压力在裂缝通道中不同位置的变化特征，探索了水砂混合流运移特征及动力机制。

通过对上述试验装置的分析可以发现：①水砂突涌现象一旦发生，试验舱内的水压便会迅速降低，直至消失，这仅适用于上覆含水层无稳定补给或体积较小的情况，对于有稳定补给或体积较大的含水层，在涌水溃砂发生初期，含水层内会出现一定的水压降低，但随后会逐渐趋于一个动态稳定值；②依靠调整水箱的高度或水箱中水面的高度来获取不同的水头压力，但受制于试验空间，仅能获取较低的水头压力；③试验前并未对试验舱内的砂土进行一定的压实或仅对其进行了粗略性捣实。为进一步研究采动覆岩裂隙中的水砂运移和突涌特征，获得含水层底部水压力变化特性，探索研究了水砂流量与通道尺寸、水压力的关系特征，为形成工作面涌水溃砂灾害演化机制及预测涌水溃砂灾害的基础理论提供了量化支承，并且自主研制了水砂突涌试验系统[171,172]。

4.1.2　试验系统主体结构

水砂突涌试验系统主要由主体承载支架、试验舱、承压水舱、储能罐、水压水量双控伺服系统和位移应力双控伺服系统组成，其主体结构如图4.1所示。主体承载支架结构为满足试验舱结构而设计，主要包括底座、横梁、加载油缸固定架和立柱。底座上固定有 4 根立柱，在试验系统施加垂直荷载时起到提供反向力的作用，立柱上端固定有横梁，横梁上设有加载油缸固定装置以固定加载油缸。

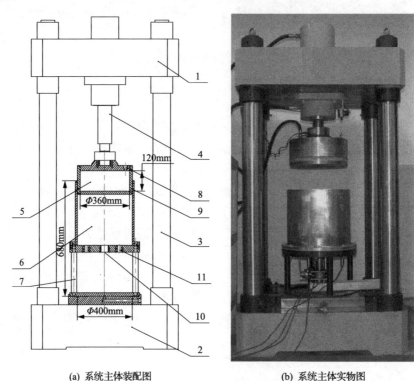

(a) 系统主体装配图　　　　　　　　　　(b) 系统主体实物图

图 4.1　试验系统主体结构图

1-试验系统横梁；2-试验系统底座；3-立柱；4-加载油缸；5-加载压头兼承压水舱；6-试验舱；7-底座立柱；
8-进水口；9-密封圈；10-水砂通道安装槽；11-孔隙水压传感器安装槽

4.1.3　试验系统试验舱

　　水砂突涌试验系统试验舱装配如图 4.2 所示。试验舱外形呈圆筒状，壁厚 15mm，内径为 400mm，高度为 380mm。试验舱通过加有圆形密封圈的连接件与试验舱底座相连。试验舱底座上有一个连接试验舱与外界的水砂突涌口。每次试验过程中都要对试验舱体进行拆卸，且试验舱较重，重新放置后很难保证试验舱位于加载压头的正中心，易造成试验压头或试验舱的严重磨损，因此不对试验系统底座进行固定，仅将其放置在试验系统台上，并将上舱体顶端做倒角处理，在加载压头进入试验舱过程中，通过加载压头与试验舱内壁之间较轻微的挤压接触力，试验舱底座在试验系统底座上产生滑动，即可实现加载压头与试验舱对正。

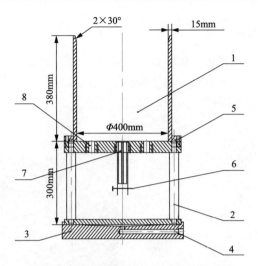

图 4.2 水砂突涌试验系统试验舱装配图

1-试验舱；2-试验舱底座立柱；3-试验系统底座；4-试验系统排污口；5-舱体和底座连接件；6-水砂突涌口；
7-水砂通道安装槽；8-孔隙水压传感器安装槽

4.1.4 试验系统承压水舱

水砂突涌试验系统承压水舱结构如图 4.3 所示。承压水舱通过活塞杆与加载油缸相连，在水仓底部均匀分布着 34 个直径为 10mm 的出水孔。为了提高试验过程中试验舱的密封性，在承压水舱侧面预留了一个 10mm 深、25mm 宽的密封圈安装槽，用于放置硅橡胶密封圈。试验过程中，承压水舱在盛装满足试验条件的承压水的同时，还可以作为试验舱内试验材料的加载压头。为了提高承压水舱的抗变形能力，保证试验过程的刚性加载，承压水舱底部采用了 20mm 厚的高强度、抗变形不锈钢板，并在承压水舱内部增设了承力架。

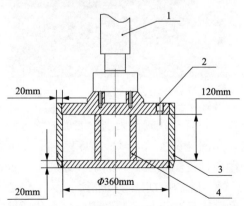

图 4.3 水砂突涌试验系统承压水舱结构图

1-活塞杆；2-进水口；3-密封圈；4-承力架

4.1.5　试验系统试验舱底座

水砂突涌试验系统试验舱底座如图 4.4 所示。试验舱底座中心处加工有一直径为 50mm 的水砂通道安装孔，用于安放不同尺寸的水砂通道，试验系统采用不同内径的钢管来模拟不同尺寸的水砂通道，内径分别为 5~10mm，如图 4.5 所示。

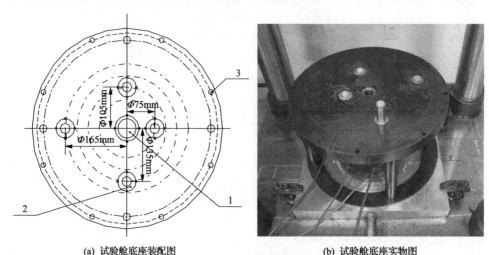

(a) 试验舱底座装配图　　　　　　　　　(b) 试验舱底座实物图

图 4.4　水砂突涌试验系统试验舱底座

1-水砂通道安装槽；2-孔隙水压传感器安装槽；3-底座和试验舱连接件安装孔

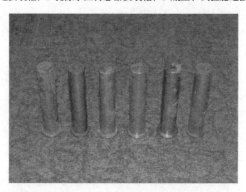

图 4.5　水砂突涌试验系统不同尺寸水砂通道

水砂通道出口下端安装有一碟阀作为水砂通道的瞬时开启装置，模拟开采裂缝导通上部含水砂层，如图 4.6 所示。试验舱底座自中心向边缘分布了 4 个孔隙水压传感器安装槽，距试验舱底座中心的距离分别为 75mm、105mm、135mm 和 165mm，用于监测试验过程中的水压分布情况。为了保证试验过程中带压状态下试验舱的密封性，孔隙水压传感器安装过程中，在传感器靠近端头处涂抹了一圈密封胶。

图 4.6　水砂突涌试验系统瞬时开启装置

4.1.6　试验系统储能罐

试验过程中为了提高输入试验舱内水压和水流量的稳定性，在水压水量双控伺服系统和试验舱之间增设了储能罐，如图 4.7 所示。试验舱外形呈圆筒状，壁厚10mm，内径为 300mm，有效高度为 1000mm，有效容积约为 0.07m³。将流量计和水压传感器安装在储能罐的出水口，提高了试验过程中水压和水流量的监测精度。

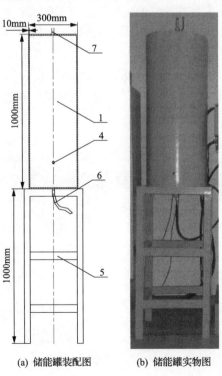

(a) 储能罐装配图　　(b) 储能罐实物图

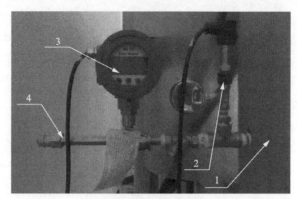

(c) 流量计和水压传感器

图 4.7　储能罐

1-储能罐体；2-水压传感器；3-水流量计；4-出水口；5-支架；6-进水口；7-排气口

4.1.7　试验控制系统

　　试验控制系统包括操作台和伺服加载系统两部分，其中伺服加载系统由水压力水流量双控伺服系统和位移应力双控伺服系统两部分组成，全程实现计算机自动控制，操作界面如图 4.8 所示，试验控制系统整体如图 4.9 所示。试验过程中可以实现位移、载荷、水压力和水流量的实时监测与采集，采集频率视试验内容的不同可自行设置，默认采集频率为 10 个/s，试验系统采集的数据被保存为.txt 格式文件。

　　水压力水流量双控伺服系统可以实现水压力和水流量的双重控制：①向承压水舱提供稳定的水流量补给；②维持承压水舱内恒定的水压力。试验系统的水压力水流量双控伺服系统可提供的最大水压力为 2MPa，精度为 0.01MPa，流量计最大量程为 150L/h，精度为±1.0%。

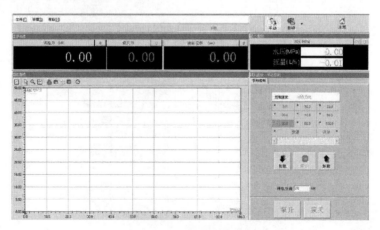

图 4.8　试验系统操作界面

(a) 位移应力控制系统

(b) 水压力水流量控制系统

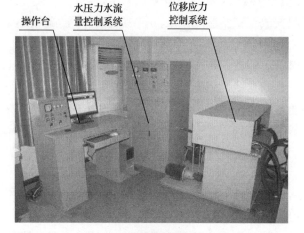
(c) 试验控制系统

图 4.9　试验控制系统整体

位移应力双控伺服系统可以实现位移和应力的双重控制,加载油缸的最大行程为 400mm、精度为 0.01mm,可施加的最大载荷为 600kN、精度为 0.01kN,既可实现连续加卸载,也可实现分级加卸载,可满足不同模拟环境的需要,更加贴合工程实际。

4.2　水砂突涌试验方案设计

4.2.1　试验步骤

对水砂突涌特征影响较大的因素主要有通道横向尺寸、通道长度、通道类型、含水层初始水头、含水层颗粒粒径和含水层厚度等。利用设计制作的水砂突涌试验系统，通过设置不同水压、不同水砂通道尺寸、不同砂层厚度，定量化地研究水砂运移及突涌的信息，获得含水层底部水压力变化特性，分析水砂流量与通道尺寸、水压力的关系。

水砂突涌模拟试验方案包括以下步骤：

(1)筛选粒径为 0.3mm 以下的干净河砂作为试验材料备用；

(2)将指定尺寸(孔径分别为 5mm、6mm、7mm、8mm、9mm 或 10mm)的水砂通道模具安放在水沙通道安装槽内；

(3)检测孔隙水压传感器是否合格，将检测合格的孔隙水压传感器安装在孔隙水压传感器安装槽内，为了保证试验过程中带压状态下试验舱的密封性，孔隙水压传感器安装过程中，在传感器靠近端头处涂抹一圈密封胶，并将安装好的孔隙水压传感器连接至 DH3816N 静态应变测试系统；

(4)将试验舱安放至试验舱底座上，并在二者之间放置密封圈以增强试验舱的密封性；

(5)关闭瞬时开启装置，将干净河砂装入试验舱至设计高度(100mm、200mm或 300mm)；

(6)向试验舱内注水至埋没砂体，使水砂混合体的合计高度为 350mm；

(7)启动水砂突涌试验系统，打开承压水舱上部的排气孔，采用试验系统的位移控制模式，将承压水舱降至与试验舱内的水面基本接触的位置并保持位移恒定；

(8)关闭承压水舱上部的排气孔，采用试验系统的水压控制模式，将试验舱内的水压加至设计压力(0.1MPa、0.15MPa、0.2MPa、0.25MPa、0.3MPa)；

(9)快速开启试验舱下部的瞬时开启装置，监测并采集试验过程中水压和水砂流量的变化，值得说明的是，当水砂流量超过 41mL/s 时，即可停止试验，这是由于水压水量控制系统能提供的最大流量为 150L/h，即约 42mL/s。

4.2.2 试验材料参数测定

砂子密度和孔隙率测试包括以下步骤：

(1)取容积固定的量杯，用天平称量空量杯的质量，并记为 a；

(2)向空量杯内倒满待测量的干散砂，则砂的体积与量杯的体积相等，即 $V_{砂} = V_{杯}$，用天平称量装满干散砂的量杯的质量，并记为 b；

(3)向装满干散砂的量杯内加入清水满至不能再加，用天平称量装满水砂的量杯的质量，并记为 c；

(4)干散砂密度(容重) $\gamma_{s} = \dfrac{b-a}{V_{砂}}$，干散砂孔隙率 $n = \dfrac{c-b}{V_{砂}}$。

试验材料参数测定选用 250mL 量杯，即 $V_砂 = V_杯 = 250$ mL，空量杯的质量 a=231.16g，装满干散砂的量杯的质量 b=580.60g，装满水砂的量杯的质量 c=683.71g，则计算得到干散砂密度（容重）$\gamma_s \approx 1.40$g/cm^3，干散砂孔隙率 $n \approx 0.41$。

依据经验值，细砂的渗透系数为 $5.8 \times 10^{-3} \sim 11.6 \times 10^{-3}$cm/s，平均为 8.7×10^{-3}cm/s。

4.3　水砂突涌试验分析

4.3.1　5mm 孔径水砂通道

对水砂通道孔径为 5mm，砂体高度为 200mm，设定水压分别为 0.10MPa、0.15MPa、0.20MPa、0.25MPa 和 0.30MPa 情况下水砂突涌特性进行试验研究。

在设定水压为 0.10MPa 的情况下，打开瞬时开启装置后水砂流量随时间的变化曲线如图 4.10 所示。从图中可以看出，水砂通道初始形成阶段，流量急剧升高，仅用 44s 就达到最大值 19mL/s；在最大值维持了约 30s 后流量出现急剧下降，降至 6.6mL/s；之后在出现一个急剧波动（极大值为 14mL/s）后，又降至 6mL/s 左右，在此流量下维持了约 50s 后，又出现一个急剧波动（极大值为 15.8mL/s）；之后流量虽出现过一次急剧波动，但整体呈现缓慢下降趋势，在 315s 后流量趋近于零，涌水溃砂停止。

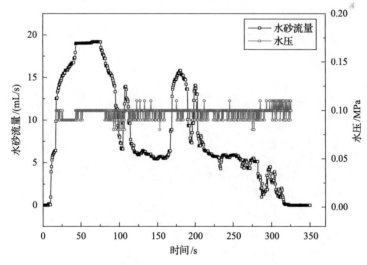

图 4.10　0.10MPa 水压下水砂突涌流量变化曲线（5mm 水砂通道）

整个过程可以概括为：失稳—运移—沉积—稳定。在正常情况下，开启瞬间的水砂通道是不含水砂填充物的，在不考虑水砂通道变形的情况下，此时水砂通道的水砂通过率是最高的，因此水砂流量大；但随着水砂的运移，水砂流量处于波动状态,但整体趋势是变小的,主要原因有两个方面:①水砂运移初始阶段,水砂逐渐充满水砂通道,水砂通过阻力逐渐增大而导致流量逐渐变小;②水砂运移过程中,水砂形成稳定的拱结构,阻止了水砂的突涌。值得说明的是,在水砂突涌过程中水压不是绝对稳定的,而是在 0.10MPa 左右动态变化的,在水砂通道初始形成阶段,流量急剧升高的时候,水压有一个明显比设定水压 0.10MPa 小的阶段,持续了约 20s。

在设定水压分别为 0.15MPa、0.20MPa、0.25MPa 和 0.30MPa 的情况下,打开瞬时开启装置后水砂流量随时间的变化曲线如图 4.11 所示。需要特别指出的是,虽然设定水压分别为 0.15MPa、0.20MPa、0.25MPa 和 0.30MPa,但在发生水压突涌过程中,水砂流量稳定后的实际水压值分别为 0.13MPa、0.18MPa、0.22MPa 和 0.27MPa,因此取实际水压值作为计算依据。在水砂通道孔径为 5mm,砂体高度为 200mm 的情况下,在设定水压的作用下,水砂流量随着时间的延长呈现出先升高后平稳的趋势;随着设定水压值的增加,水砂稳定流量呈现升高趋势,水压分别为 0.13MPa、0.18MPa、0.22MPa 和 0.27MPa 情况下,水砂的稳定流量分别约为 8mL/s、17mL/s、20mL/s 和 36mL/s,水压和流量对应关系的线性拟合公式为

$$Q = -17.86 + 190.57P \tag{4.1}$$

式中, Q 为水砂流量; P 为水压。

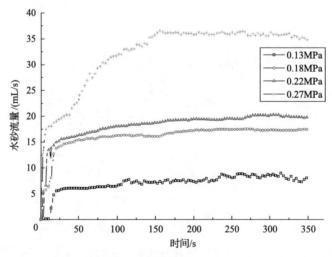

图 4.11　不同设定水压下水砂流量随时间的变化曲线(5mm 水砂通道)

　　水砂突涌稳定后，水压和水砂流量对应关系的相关度为 0.913，水压和水砂流量关系曲线如图 4.12 所示。

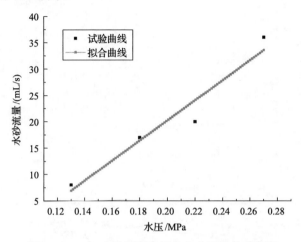

图 4.12　5mm 水砂通道水压和水砂流量关系曲线

　　不同设定水压作用下，水砂流量和水压动态变化曲线如图 4.13 所示。从图中可以看出，在水砂通道开启的瞬间，试验舱内水压出现明显的波动降低，这是试验舱内水砂流出，但水源补充滞后造成的，随着水砂流量逐渐平稳，水压逐渐趋于稳定，但较初始设计压力仍有一定降低。

　　试验舱底座自中心向边缘分布的 4 个孔隙水压传感器(距离试验舱底座中心的距离分别为 75mm、105mm、135mm 和 165mm 的孔隙水压传感器编号分别为 1 号、2 号、3 号和 4 号)监测得到的试验过程中水压分布情况如图 4.14 所示。

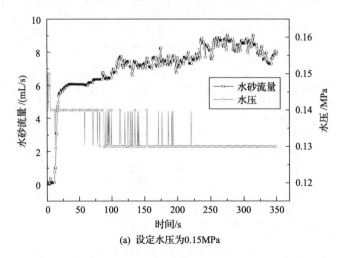

(a) 设定水压为0.15MPa

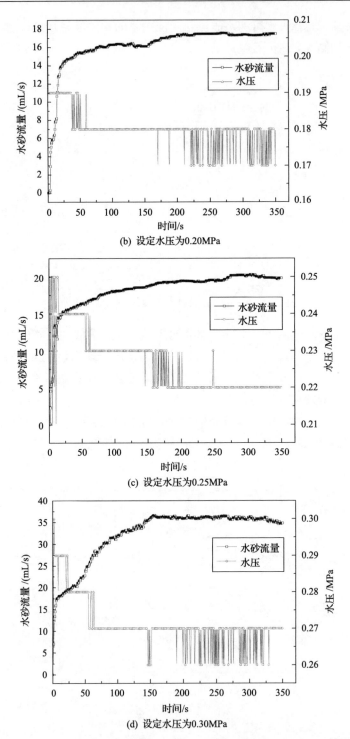

图 4.13　5mm 水砂通道不同设定水压下水砂流量和水压动态变化曲线

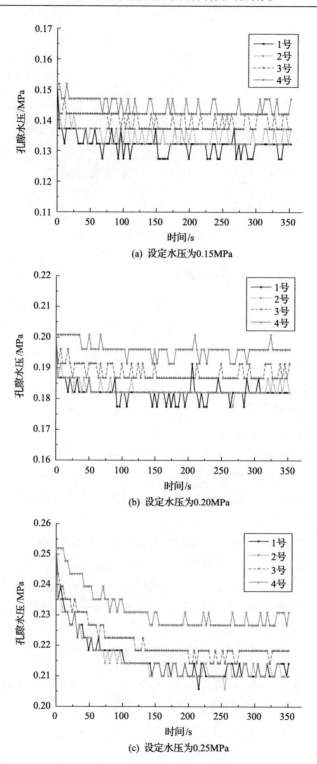

(a) 设定水压为0.15MPa

(b) 设定水压为0.20MPa

(c) 设定水压为0.25MPa

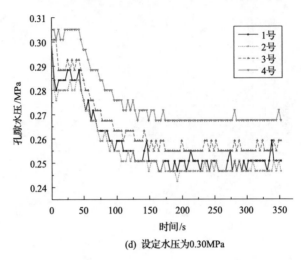

(d) 设定水压为0.30MPa

图 4.14　5mm 水砂通道不同设定水压下孔隙水压分布曲线

从图中可以看出，在水砂通道开启瞬间，含水砂层底界面上 4 个位置的孔隙水压都有明显降低的现象，随着水砂流量逐渐稳定，孔隙水压逐渐变得稳定；随着孔隙水压传感器距水砂通道距离的增加，含水砂层的孔隙水压逐渐升高。

4.3.2　6mm 孔径水砂通道

对水砂通道孔径为 6mm，砂体高度为 200mm，设定水压分别为 0.10MPa、0.15MPa、0.20MPa、0.25MPa 和 0.30MPa 情况下的水砂突涌特性进行试验研究。在设定水压为 0.30MPa 情况下，水砂流量迅速超过水压水量控制系统能提供的最大流量(41mL/s)，因而未能获取精确的试验结果。在设定水压分别为 0.10MPa、0.13MPa、0.18MPa 和 0.22MPa 的情况下，打开瞬时开启装置后水砂流量随时间的变化曲线如图 4.15 所示。

从图 4.15 中可以看出，在设定水压作用下，水砂流量随着时间的延长呈现出先升高后平稳的趋势；随着设定水压值的增加，水砂稳定流量呈现升高趋势，水压分别为 0.10MPa、0.13MPa、0.18MPa 和 0.22MPa 下水砂的稳定流量分别约为 6.7mL/s、16.7mL/s、22.5mL/s 和 40.5mL/s，水压和流量对应关系的线性拟合公式为

$$Q = -19.15 + 258.76P \tag{4.2}$$

水砂突涌稳定后，水压和流量对应关系的相关度为 0.909，水压和水砂流量关系曲线如图 4.16 所示。

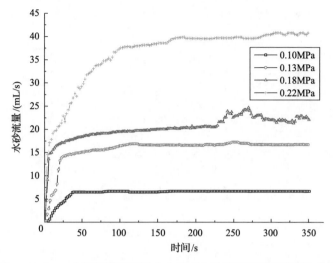

图 4.15　6mm 水砂通道不同设定水压下水砂流量随时间的变化曲线

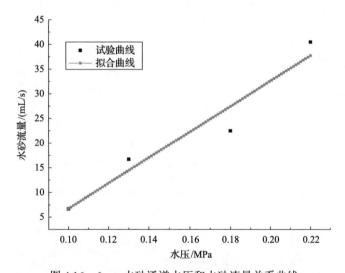

图 4.16　6mm 水砂通道水压和水砂流量关系曲线

　　6mm 水砂通道不同设定水压作用下流量和水压动态变化曲线如图 4.17 所示。从图中可以看出，在水砂通道开启的瞬间，试验舱内水压出现明显的波动降低，这是试验舱内水砂流出，但水源补充滞后造成的，随着水砂流量逐渐平稳，水压逐渐趋于稳定，但较初始设计压力仍有一定降低。

　　孔隙水压传感器监测得到试验过程中的水压分布情况如图 4.18 所示。从图中可以看出，在水砂通道开启瞬间，含水砂层底界面上 4 个位置的孔隙水压都有明显降低的现象发生，随着水砂流量逐渐稳定，孔隙水压逐渐变得稳定；随着孔隙水压传感器距水砂通道距离的增加，含水砂层的孔隙水压逐渐升高。

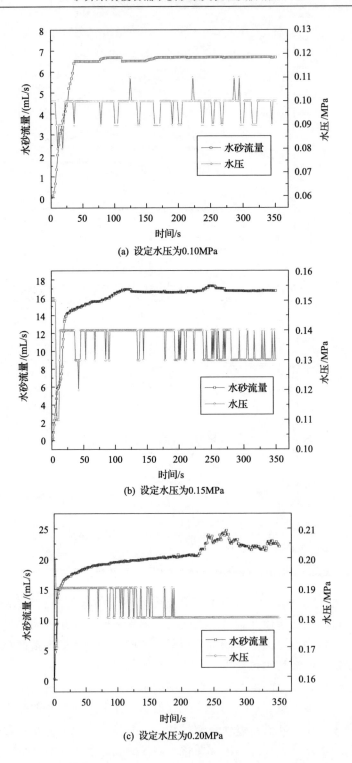

(a) 设定水压为0.10MPa

(b) 设定水压为0.15MPa

(c) 设定水压为0.20MPa

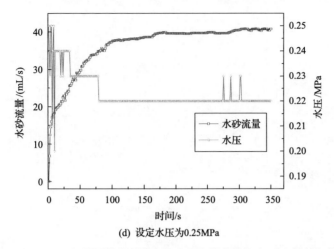

(d) 设定水压为0.25MPa

图 4.17　6mm 水砂通道不同设定水压下水砂流量和水压动态变化曲线

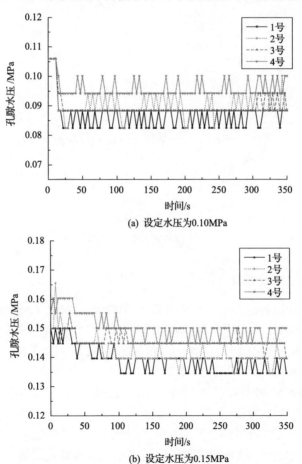

(a) 设定水压为0.10MPa

(b) 设定水压为0.15MPa

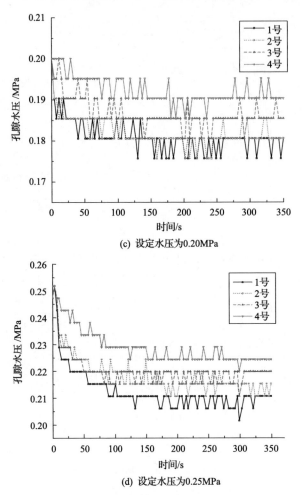

(c) 设定水压为0.20MPa

(d) 设定水压为0.25MPa

图 4.18　6mm 水砂通道不同设定水压下孔隙水压分布曲线

4.3.3　7mm 孔径水砂通道

对水砂通道孔径为 7mm，砂体高度为 200mm，设定水压分别为 0.10MPa、0.15MPa、0.20MPa、0.25MPa 和 0.30MPa 情况下水砂突涌特性进行试验研究。当设定水压分别为 0.25MPa 和 0.30MPa 时，水砂流量迅速超过水压水量控制系统能提供的最大流量(41mL/s)，因而未能获取精确的试验结果。在设定水压分别为 0.10MPa、0.13MPa 和 0.18MPa 的情况下，打开瞬时开启装置后水砂流量随时间的变化曲线如图 4.19 所示。

从图 4.19 中可以看出，在设定水压作用下，水砂流量随着时间的延长呈现出先升高后平稳的趋势；随着设定水压值的增加，水砂稳定流量呈现升高趋势，水压分别为 0.10MPa、0.13MPa 和 0.18MPa 下水砂的稳定流量分别约为 9.3mL/s、

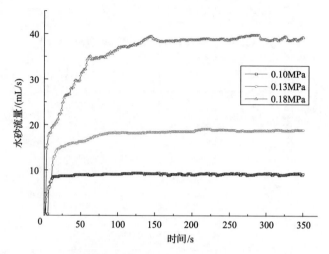

图 4.19　7mm 水砂通道不同设定水压下水砂流量随时间的变化曲线

19mL/s 和 39mL/s，水压和流量对应关系的线性拟合公式为

$$Q = -28.71 + 374.18P \tag{4.3}$$

水砂突涌稳定后，水压和水砂流量对应关系的相关度为 0.994，水压和水砂流量对应关系曲线如图 4.20 所示。

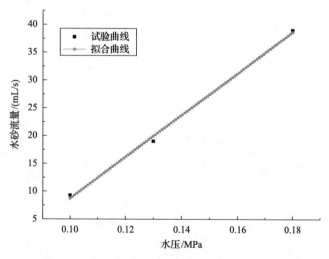

图 4.20　7mm 水砂通道水压和水砂流量关系曲线

7mm 水砂通道不同设定水压作用下水砂流量和水压动态变化曲线如图 4.21 所示。从图中可以看出，在水砂通道开启的瞬间，试验舱内水压出现明显的波动降低，这是试验舱内水砂流出，但水源补充滞后造成的，随着水砂流量逐渐平稳，水压逐渐趋于稳定，但较初始设计压力仍有一定降低。

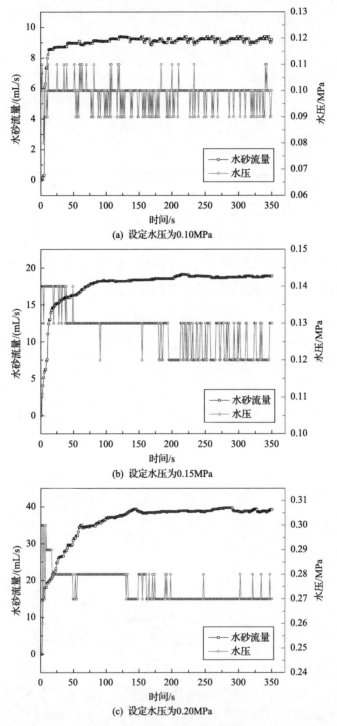

(a) 设定水压为0.10MPa

(b) 设定水压为0.15MPa

(c) 设定水压为0.20MPa

图 4.21   7mm 水砂通道不同设定水压下水砂流量和水压动态变化曲线

孔隙水压传感器监测得到试验过程中的水压分布情况如图 4.22 所示。从图中

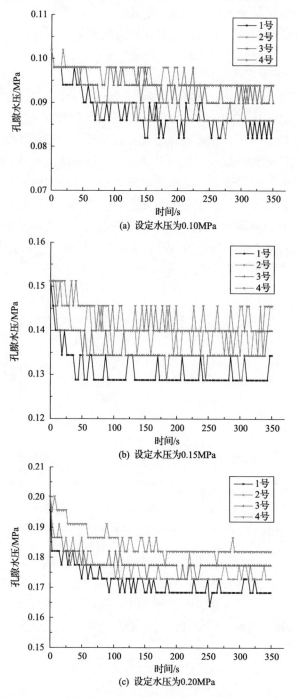

(a) 设定水压为0.10MPa

(b) 设定水压为0.15MPa

(c) 设定水压为0.20MPa

图 4.22　7mm 水砂通道不同设定水压下孔隙水压分布曲线

可以看出，在水砂通道开启瞬间，含水砂层底界面上 4 个位置的孔隙水压都有明显降低的现象发生，随着水砂流量逐渐稳定，孔隙水压逐渐变得稳定；随着孔隙水压传感器距水砂通道距离的增加，含水砂层的孔隙水压逐渐升高。

4.3.4　8mm 孔径水砂通道

对水砂通道孔径为 8mm，砂体高度为 200mm，设定水压分别为 0.10MPa、0.15MPa、0.20MPa、0.25MPa 和 0.30MPa 情况下水砂突涌特性进行试验研究。当设定水压超过 0.10MPa 时，水砂流量迅速超过水压水量控制系统能提供的最大流量(41mL/s)，因而未能获取精确的试验结果。在设定水压为 0.10MPa 的情况下，打开瞬时开启装置后水砂流量和水压随时间的变化曲线如图 4.23 所示。从图中可以看出，在设定水压作用下，水砂流量随着时间的延长呈现出先升高后平稳的趋势；在水砂通道开启的瞬间，试验舱内水压出现明显的波动降低，这是试验舱内水砂流出，但水源补充滞后造成的，随着水砂流量逐渐平稳，水压逐渐趋于稳定，但较初始设计压力仍有一定降低。

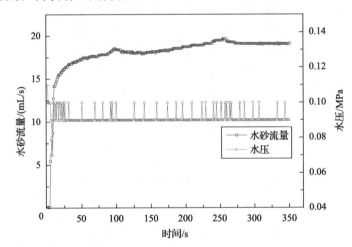

图 4.23　8mm 水砂通道 0.1MPa 水压下水砂流量和水压动态变化曲线

孔隙水压传感器监测得到试验过程中的水压分布情况如图 4.24 所示。从图中可以看出，在水砂通道开启瞬间，含水砂层底界面上 4 个位置的孔隙水压都有明显降低的现象发生，随着水砂流量逐渐稳定，孔隙水压逐渐变得稳定；随着孔隙水压传感器距水砂通道距离的增加，含水砂层的孔隙水压逐渐升高。

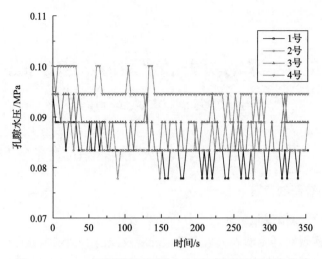

图 4.24　8mm 水砂通道不同设定水压下孔隙水压分布曲线

第 5 章　采动覆岩涌水溃砂灾害模拟试验系统研制及试验研究

5.1　采动覆岩涌水溃砂灾害模拟试验系统研制

5.1.1　试验系统研制背景

通过对现有模拟试验装置进行分析可以发现：

(1)未能实现对涌水溃砂灾害孕育、发展及发生的全过程进行模拟，仅对"发生"这一过程进行了模拟；

(2)水砂突涌通道的结构、形状和尺寸皆为人为设置，并不是在采动和水压作用下形成的；

(3)不能实现对工作面开采过程中覆岩变形破坏、裂隙发育扩展、水砂通道形成过程进行直接观测；

(4)不能直观展现工作面开采后上覆岩层空间结构形态和水砂通道的展布形态。

为了进一步研究煤层开采诱发工作面涌水溃砂灾害孕育、发展及发生的全过程，获得工作面开采过程中覆岩变形破坏、裂隙发育扩展、水砂通道形成及水砂突涌参数和特征，直观展现工作面开采后上覆岩层空间结构形态和水砂通道展布形态，以期在更深层次上揭示采煤工作面涌水溃砂灾害的形成机制，为形成采煤工作面涌水溃砂灾害演化机制及预测涌水溃砂灾害的基础理论提供量化支承，研制了采动覆岩涌水溃砂灾害模拟试验系统[173,174]。以运河煤矿 7311 工作面地层赋存特征为工程背景，利用研制的低强度非亲水材料对煤系地层进行了模拟铺设并及模拟开采，真实再现了采煤工作面涌水溃砂灾害孕育、发展及发生的全过程。

5.1.2　试验系统主体结构

采动覆岩涌水溃砂灾害模拟试验系统主要由主体承载支架、试验舱、承压水舱、模拟采煤装置、水压力水流量双控伺服系统、位移应力双控伺服系统和多元数据采集系统组成，其主体结构如图 5.1 所示。该试验系统的研发本着真实模拟煤层开采诱发工作面涌水溃砂灾害孕育、发展及发生的全过程的原则，设计了分级加载方式和三维模拟开采模式。

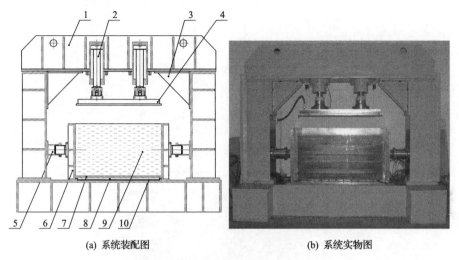

(a) 系统装配图　　　　　　　　　　　(b) 系统实物图

图 5.1　试验系统结构图

1-主体承载支架；2-加载油缸；3-抗变形支架；4-承压水舱；5-侧向约束压头；
6-试验舱挡板；7-煤层模拟抽板；8-滚轴排；9-试验舱；10-水砂收集槽

　　主体承载支架结构是为满足试验舱结构而设计的，主要由底座、机架、加载油缸固定架和反力架组成。如图 5.1 所示，底座上固定有左右立柱，左右立柱上端固定有横梁，横梁上有两个加载油缸固定装置用以固定加载油缸，左右立柱内侧各有一个提供侧向约束力的反力压头，机架则用于施加垂直荷载和侧向约束力的反向力。为了进一步提高支架的承载和抗变形能力，在左右立柱与横梁之间放置了两个三角形抗变形支架。

5.1.3　试验系统试验舱

　　试验系统试验舱装配如图 5.2 所示。试验舱内部有效的模拟尺寸长、宽、高分别为 1200mm、700mm、400mm，为了便于对工作面开采过程中覆岩变形破坏、裂隙发育扩展、水砂通道形成过程进行直接观测，特选用 30mm 厚的强度高、透明度好的有机玻璃板作为试验舱的前挡板。为进一步解决试验过程中挡板变形造成的试验舱密封性能降低这一问题，增配了两个抗变形梁提高前挡板的抗变形能力。采用 20mm 厚的不锈钢板作为后挡板以提高试验舱整体的抗变形能力。前后挡板与试验舱左右立板的结合部通过安放在预留的安装槽中的密封条进行密封。试验舱下部设有一水砂收集槽，如图 5.3 所示，水砂突涌后起到了汇集水砂的作用，便于涌水溃砂量的计量。

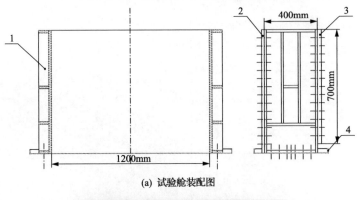

(a) 试验舱装配图

(b) 试验舱实物图

图 5.2　试验系统试验舱

1-左右立板；2-不锈钢后挡板；3-有机玻璃前挡板；4-水砂收集槽

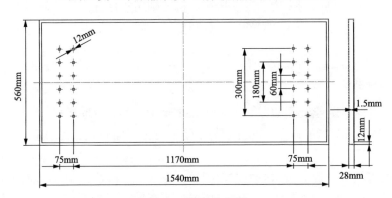

图 5.3　水砂收集槽

5.1.4　试验系统承压水舱

承压水舱结构如图 5.4 所示。承压水舱通过连接件与加载油缸相连，在水舱底部均匀分布着 32 个直径为 4mm 的出水孔。为了提高试验过程中试验舱的密封性能，

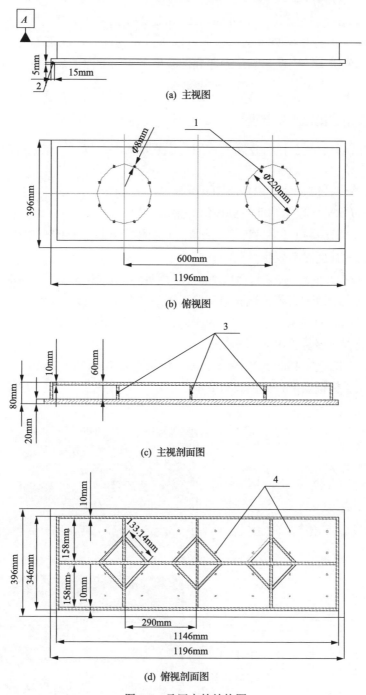

(a) 主视图

(b) 俯视图

(c) 主视剖面图

(d) 俯视剖面图

图 5.4　承压水舱结构图

1-加载油缸与承压水舱连接件；2-密封圈；3-承力架；4-出水孔

在承压水舱底部边界预留了 5mm 深、15mm 宽的密封圈安装槽，用于放置硅橡胶密封圈。承压水舱在盛装满足试验条件的承压水的同时，还可作为试验舱内试验材料的加载压头，因此，承压水舱底部采用了 20mm 厚的高强度、抗变形不锈钢板。

5.1.5 试验系统模拟采煤装置

传统相似材料模型的开挖常常采用人工开挖的方式进行，试验经验表明人工开挖有以下缺点：

(1)较难保持恒定的开挖步距和开挖速度；

(2)难以实现采煤工作面三维模拟开采；

(3)在工作面模拟开采过程中，垮落的顶板填满开挖工具的操作空间，致使开采中止的尴尬局面时有发生；

(4)在模拟开挖时，需要将前后挡板整体或者部分取下，降低了试验舱的密封性。

考虑涌水溃砂灾害模拟试验对试验舱密封性要求极高这一特殊性，为降低非采动因素对试验的影响，较好地实现采煤工作面三维模拟开采，本书设计制作了模拟采煤装置。该装置由 4 部分组成：

(1)10 块长宽为 400mm×105mm 和 2 块长宽为 400mm×73mm，厚 30mm 的不锈钢板用于模拟煤层，如图 5.5(a)中 1 所示；

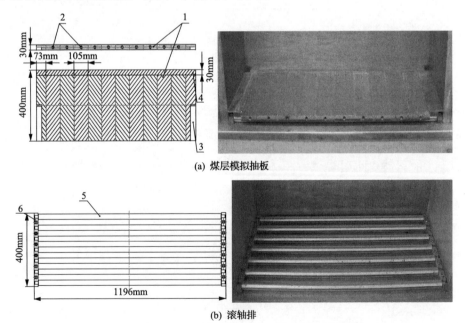

(a) 煤层模拟抽板

(b) 滚轴排

(c) 抽板拖动装置

图 5.5　模拟采煤装置

1-煤层模拟抽板；2-抽板与拖动装置连接孔；3-传输线安装槽；
4-试验舱后侧不锈钢板；5-滚轴；6-滚轴架

（2）1 块长宽为 1200mm×30mm，厚 30mm 的不锈钢板，如图 5.5(a) 中 4 所示；

（3）7 根圆柱状滚轴组成的滚轴排兼起承载和减小摩擦的作用，如图 5.5(b) 所示；

（4）抽板拖动装置如图 5.5(c) 所示，试验过程中将抽板通过连接杆进行连接，通过等速摇动拖动装置的把手便可将抽板等步距匀速抽出，用于模拟工作面开采。

为降低边界效应对试验的影响，将 2 块 400mm×73mm 的抽板分别置于试验舱底部的两侧，1 块 1200mm×30mm 的不锈钢板置于试验舱底部的后侧，试验过程中不对其进行操作。同时，为了便于试验舱内传感器与采集箱的连接，将左右抽板进行加工处理，预留了传感器传输线安装槽。值得说明的是，煤层模拟抽板的尺寸并不是不可改变的，根据需要模拟的工作面的地质采矿条件和相似比的变化，钢板的尺寸可进行相应的调整。

采动覆岩涌水溃砂灾害模拟试验系统与第 4 章中的水砂突涌试验系统共用一套储能罐和控制系统，除水压力水流量双控伺服系统和位移应力双控伺服系统量程外，基本功能和参数完全一致，这里不再赘述。

5.1.6　试验系统多元数据采集系统

工作面模拟开采过程中覆岩应力变化及覆岩裂隙中水压变化情况分别采用丹东市电子仪器厂生产的规格为 0.8MPa 的 BX-1 型土压力传感器和 2.5MPa 的 BS-1 型渗压计进行直接监测，利用江苏东华测试技术股份有限公司生产的 DH-3816N 静态应变测试系统进行数据采集，数据采集系统如图 5.6 所示。

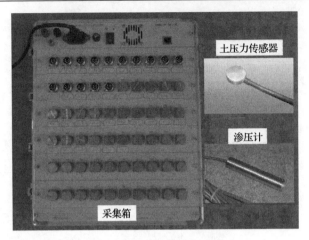

图 5.6　多元数据采集系统

5.2　低强度非亲水相似材料配比试验研究

相似模拟试验是用与原型力学性质相似的材料，按一定关系制成模型，它具有原型结构的全部或主要特征[175-183]。相似材料的选择、配比对模型材料的物理力学性质有很大的影响，对模型试验的成功与否起着决定性作用。传统相似材料模型铺设选用的材料大部分为砂子、碳酸钙和石膏等，此类材料铺设而成的模型遇水后强度变化很大，极易崩解。考虑到涌水溃砂灾害模拟试验的特殊性，应选用非亲水材料模拟岩层。为了能够较准确地配比出低强度非亲水相似材料，以满足相似模拟试验的需求，采用单因素试验法对低强度非亲水相似材料配比进行研究。

5.2.1　试验方案设计

5.2.1.1　材料选择

参考现有研究成果[184-191]，结合后续试验要求，选用筛选后干净的河砂、石蜡、凡士林和液压油作为相似材料的组成成分，如图 5.7 所示。

(a) 河砂　　　　　　　　　　(b) 石蜡

(c) 凡士林　　　　　　　　(d) 液压油

图 5.7　相似材料组成

干净河砂的粒径小于 0.3mm，干砂容重为 1.40g/cm³，干砂孔隙率为 0.41；石蜡选用 58#工业粗石蜡，熔点为 58～60℃，密度为 0.880～0.915g/cm³；凡士林为白色无毒的医用级，滴点约 37～54℃，密度为 0.815～0.830g/cm³；调和剂选择 46 号抗磨液压油，密度为 0.876g/cm³。

5.2.1.2　配比方案

试验是科学研究的重要手段，科学的试验可以准确有效地帮助我们发现事物的规律。试验设计的方法有很多，有单因素试验、双因素试验、最优试验设计、正交试验和均匀试验等。考虑到前期已进行了大量探索性配比试验，已部分掌握了非亲水材料配比设计的窍门，因此选择单因素试验方法，以河砂作为骨料、石蜡和凡士林作为胶结剂、液压油作为调和剂，对低强度非亲水相似材料配比进行试验研究，材料配比设计方案见表 5.1。

表 5.1　材料配比设计方案

试验 内容	质量配比(河砂：石蜡： 凡士林：液压油)	试件 编号	试验 内容	质量配比(河砂：石蜡： 凡士林：液压油)	试件 编号
石蜡 性能测试	40：0.8：1：1	A1-1		40：1.2：1：1	A5-1
		A1-2			A5-2
		A1-3			A5-3
	40：0.9：1：1	A2-1	石蜡 性能测试	40：1.3：1：1	A6-1
		A2-2			A6-2
		A2-3			A6-3
	40：1：1：1	A3-1		40：1.4：1：1	A7-1
		A3-2			A7-2
		A3-3			A7-3
	40：1.1：1：1	A4-1	凡士林 性能测试	40：1：0.8：1	B1-1
		A4-2			B1-2
		A4-3			B1-3

试验内容	质量配比(河砂：石蜡：凡士林：液压油)	试件编号	试验内容	质量配比(河砂：石蜡：凡士林：液压油)	试件编号
凡士林性能测试	40：1：0.9：1	B2-1	凡士林性能测试	40：1：1.2：1	B5-1
		B2-2			B5-2
		B2-3			B5-3
	40：1：1：1	B3-1		40：1：1.3：1	B6-1
		B3-2			B6-2
		B3-3			B6-3
	40：1：1.1：1	B4-1		40：1：1.4：1	B7-1
		B4-2			B7-2
		B4-3			B7-3

5.2.1.3　试件制作

试验所制作的试件为 $\Phi50\text{mm}\times100\text{mm}$ 的圆柱形标准试件，选择的模具为 $\Phi50\text{mm}\times100\text{mm}$ 的双开模具，如图 5.8 所示。双开模具有效降低了试件脱模过程中因强度很低而产生破裂现象的概率，制作成的标准试件如图 5.9 所示。

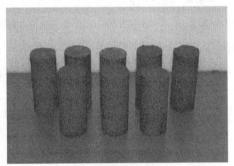

图 5.8　试件制作模具　　　　　　　图 5.9　制作成的标准试件

5.2.1.4　试验设备

单轴压缩试验在岛津 AG-X250 电子万能试验机上进行，如图 5.10 所示，试验压头和试件如图 5.11 所示。

1）系统特点

选择岛津 AG-X250 电子万能试验机作为试验系统主要是从以下几个方面进行考虑：①24 位 A/D 转换器（模数转换器），载荷及应变测量采用一个量程，测量精度进一步提高，操作更方便；②100kN 以下机型在载荷传感器容量的 1/100～1/1

图 5.10　岛津 AG-X250 电子万能试验机　　　　图 5.11　试验压头

范围能保证±0.3%的精度；③具有 0.2ms 采样间隔的超高速度数据采集，能确保各种特性材料测试数据的真实性；④采用彩色高分辨率的 TFT 轻触屏（薄膜晶体管式轻触屏），试验条件设定更方便，试验结果显示更直观；⑤便捷的应力应变控制功能；⑥人性化的中文试验软件；⑦拥有多种完善的试验夹具，适合多种样品的试验要求。

2）工作原理

压力机的驱动方式为交流伺服马达，当对试件进行加载时，安装在试验机上的传感器通过应变片将力转换成电器信号输出（拉伸或压缩载荷力），直接在计算机上显示力的状态。当进行不同的试验时，还可以运用相关的夹具和辅助器材来测定试件的轴向位移、环向位移等。当试验机检测到异常时，报警信息将会在控制盒和计算机上显示。

3）试验机性能

试验机具有如下性能：①全程计算机控制，可实现自动数据采集及处理；②反应敏捷，试验精度高；③试验机配有多种加载方式，可以根据不同的试验选择合适的加载方式；④可以进行多种试验，如单轴、拉伸、流变等。

渗透性测试在自主研发的相似材料渗透测试仪上进行，如图 5.12 所示。

相似材料渗透性测试包括以下步骤：

（1）将相似材料按照配比要求混合均匀后，装入测试仪的试验盒中。在装入过程中，一个完整试件的材料分两次装入，并保证每次相似材料的受力基本相同，以提高相似材料试件的均质性。

（2）将相似材料试件静置一段时间（约 2h），此时相似材料试件的物理力学性质基本趋于稳定。

（3）将水压差测试管与试件相连接，使水通过水管从试验盒底部向相似材料试件中注水，直至试件饱和。

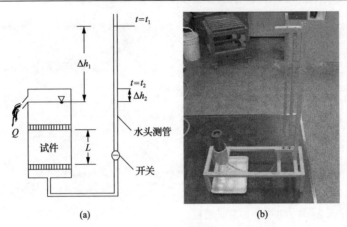

图 5.12　渗透系数测量原理和测试装置

Q 为渗透流量；Δh_1 为起始水头差；$t=t_1$ 为开始时间；$t=t_2$ 为终止时间；Δh_2 为终止水头差；L 为试样长度

(4)将止水开关关闭，并将水管充水至需要的高度，测记起始水头差 Δh_1。

(5)启动计时器，经过时间 t 后，再测记终止水头差 Δh_2。

(6)利用瞬时达西定律即可算出渗透系数 K 值：

$$K = \frac{aL}{At} \ln \frac{\Delta h_1}{\Delta h_2} \tag{5.1}$$

式中，K 为渗透系数；a 为水管断面积；A 为试样断面积；L 为试样长度；Δh_1 为起始水头差；Δh_2 为时间 t 后的终止水头差。

5.2.2　试验结果分析

5.2.2.1　相似材料单轴压缩试验结果

将 14 组配比方案试件利用岛津 AG-X250 电子万能试验机进行单轴压缩试验，得出不同配比下相似材料的单轴抗压强度和弹性模量等力学参数，试验结果见表 5.2。试验破坏后部分典型的相似材料试件如图 5.13 所示，部分试件全应力-应变曲线如图 5.14 所示。

表 5.2　相似材料单轴压缩试验结果

试验内容	质量配比(河砂：石蜡：凡士林：液压油)	试件编号	高/mm	质量/g	密度/(kg/m³)	单轴抗压强度/kPa	弹性模量/MPa
石蜡性能测试	40：0.8：1：1	A1-1	108.74	339.14	1588.4	88.21	18.7
		A1-2	105.90	333.77	1605.2	87.59	17.9
		A1-3	103.54	333.09	1638.4	—	—
		平均			1610.7	87.90	18.3

续表

试验 内容	质量配比 (河砂：石蜡：凡士林： 液压油)	试件 编号	高 /mm	质量 /g	密度 /(kg/m³)	单轴抗压强度/kPa	弹性模量 /MPa
石蜡性能测试	40：0.9：1：1	A2-1	106.54	336.49	1608.5	99.37	19.9
		A2-2	110.80	346.76	1593.9	100.82	20.6
		A2-3	100.92	324.68	1638.5	103.88	20.8
		平均			1613.6	101.4	20.4
	40：1：1：1	A3-1	100.72	330.39	1670.6	108.76	22.3
		A3-2	105.22	337.34	1632.8	111.35	21.0
		A3-3	103.54	329.01	1618.3	107.74	24.6
		平均			1640.6	109.28	22.6
	40：1.1：1：1	A4-1	104.82	336.17	1633.4	117.48	24.3
		A4-2	103.10	334.66	1653.2	125.84	26.1
		A4-3	106.28	339.56	1627.18	115.46	21.3
		平均			1637.93	119.59	23.9
	40：1.2：1：1	A5-1	109.14	344.47	1607.5	134.09	28.7
		A5-2	103.62	337.26	1657.6	126.36	26.1
		A5-3	107.62	342.56	1621.1	131.74	26.7
		平均			1628.7	130.73	27.2
	40：1.3：1：1	A6-1	103.74	331.45	1627.20	138.61	30.1
		A6-2	104.26	333.61	1629.64	144.23	34.6
		A6-3	107.22	343.56	1631.91	139.98	33.1
		平均			1629.58	140.94	32.6
	40：1.4：1：1	A7-1	105.14	338.48	1639.59	148.23	38.9
		A7-2	103.64	332.72	1635.01	150.49	40.5
		A7-3	106.56	335.26	1602.35	155.12	43.2
		平均			1625.65	151.28	40.9
凡士林性能测试	40：1：0.8：1	B1-1	103.62	329.42	1619.1	89.03	18.9
		B1-2	103.22	327.23	1614.6	87.31	18.5
		B1-3	104.28	327.46	1599.3	—	—
		平均			1611.0	88.17	18.7
	40：1：0.9：1	B2-1	107.20	336.80	1600.1	101.11	20.9
		B2-2	104.08	332.77	1628.3	105.25	19.1
		B2-3	102.12	328.02	1635.9	102.16	22.1
		平均			1621.4	102.84	20.7

续表

试验内容	质量配比 (河砂：石蜡：凡士林： 液压油)	试件编号	高/mm	质量/g	密度/(kg/m³)	单轴抗压强度/kPa	弹性模量/MPa
凡士林性能测试	40：1：1：1	B3-1	100.72	330.39	1670.6	108.76	18.9
		B3-2	105.22	337.34	1632.8	111.35	19.3
		B3-3	103.54	329.01	1618.3	107.74	25.9
		平均			1640.6	109.28	21.37
	40：1：1.1：1	B4-1	105.70	332.34	1601.3	112.97	21.3
		B4-2	101.96	331.85	1657.6	117.56	26.9
		B4-3	111.22	354.32	1622.5	122.81	24.7
		平均			1627.1	117.78	24.3
	40：1：1.2：1	B5-1	116.64	370.30	1616.9	131.76	26.5
		B5-2	104.04	335.53	1636.8	128.22	25.6
		B5-3	107.36	345.66	1639.7	125.27	24.4
		平均			1631.1	128.42	25.5
	40：1：1.3：1	B6-1	109.88	348.24	1614.10	135.22	25.8
		B6-2	105.46	337.66	1630.65	140.31	27.1
		B6-3	103.86	332.08	1628.41	138.26	26.9
		平均			1624.39	137.93	26.6
	40：1：1.4：1	B7-1	106.58	339.46	1631.68	144.16	26.4
		B7-2	110.72	350.32	1620.62	151.61	28.3
		B7-3	105.56	335.34	1632.39	146.67	27.5
		平均			1628.23	147.48	27.4

图 5.13　试验破坏后部分典型的相似材料试件

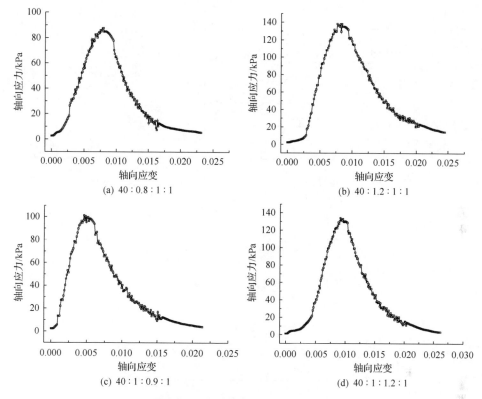

图 5.14　部分试件全应力-应变曲线

　　通过对试验结果进行综合分析可以发现，相似材料的单轴抗压强度平均值分布在 87.90～151.28kPa，弹性模量平均值分布在 18.3～40.9MPa，相似材料的力学参数分布范围较大，在铺设岩体材料模型试验时，可以根据某一岩层对相似材料力学参数的要求，从试验结果中选择满足或近似满足相似要求的材料配比。

　　石蜡和凡士林含量变化时，相似材料抗压强度的变化趋势如图 5.15 所示。从图中可以看出，相似材料强度随着石蜡和凡士林含量的增加都呈现明显的增大的趋势，且近似呈现线性关系。石蜡含量与抗压强度的关系式为 $y = 7.03 + 102.71x$，拟合度为 0.997；凡士林含量与抗压强度的关系式为 $y = 13.85 + 95.45x$，拟合度为 0.993。在试验设计的变化区间，石蜡含量和凡士林含量对相似材料强度的影响极其相似。在凡士林含量保持不变的情况下，石蜡含量由 0.8 增加至 1.4，相似材料强度变化区间为 87.90～151.28kPa，极差为 63.38kPa；在石蜡含量保持不变的情况下，凡士林含量由 0.8 增至 1.4，相似材料强度变化区间为 88.17～147.48kPa，极差为 59.31kPa。因此，石蜡较凡士林对相似材料的抗压强度的影响更为显著。

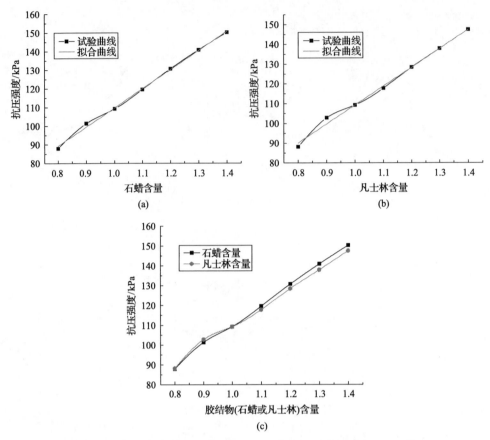

图 5.15　胶结物含量对相似材料抗压强度的影响

石蜡和凡士林质量含量变化时，相似材料弹性模量的变化趋势如图 5.16 所示。从图中可以看出，相似材料弹性模量随着石蜡和凡士林含量的增加都呈现明显的增大趋势。石蜡含量与弹性模量的关系近似呈指数关系，关系式为 $y = 18.23 + 3.33x^{5.67}$，拟合度为 0.991；凡士林含量与弹性模量的关系近似呈对数关系，关系式为 $y = 28.03 + 8.84\ln(x - 0.455)$，拟合度为 0.998。在试验设计的变化区间，石蜡含量和凡士林含量对相似材料弹性模量的影响差别较大。在凡士林含量保持不变的情况下，石蜡含量由 0.8 增加至 1.4，相似材料弹性模量变化区间为 18.3～40.9MPa，极差为 22.6MPa；在石蜡含量保持不变的情况下，凡士林含量由 0.8 增至 1.4，相似材料弹性模量变化区间为 18.7～27.4MPa，极差为 8.7MPa。因此，石蜡较凡士林对相似材料弹性模量的影响更为显著。

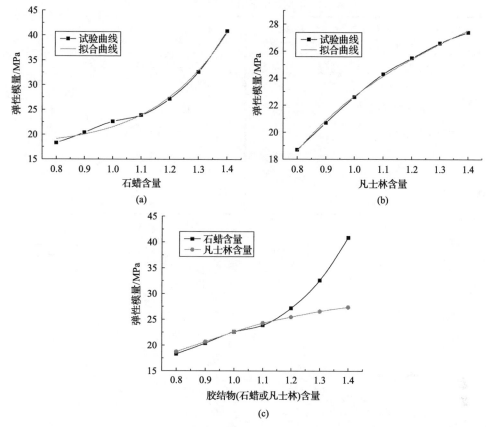

图 5.16　胶结物含量与相似材料弹性模量的关系

5.2.2.2　相似材料渗透性测试结果

14 组配比方案的试件利用相似材料渗透测试仪进行渗透性测试，得出不同配比下相似材料的渗透系数，见表 5.3。从表中可以看出，在石蜡作为单一变量的过程中，不同石蜡含量的相似材料的渗透系数为 $1.83 \times 10^{-4} \sim 4.52 \times 10^{-4}$ cm/s，变化趋势如图 5.17(a) 所示。随着石蜡含量的增加，石蜡含量与渗透系数的关系近似呈指数关系，关系式为 $y = 4.79 - 0.72x^{4.2}$，拟合度为 0.998。在凡士林作为单一变量的过程中，不同凡士林含量的相似材料的渗透系数为 $2.35 \times 10^{-4} \sim 5.16 \times 10^{-4}$ cm/s，变化趋势如图 5.17(b) 所示。随着凡士林含量的增加，凡士林含量与渗透系数的关系近似呈指数关系，关系式为 $y = 5.96 - 1.43x^{2.8}$，拟合度为 0.998。通过对比可以发现，在相同含量情况下，凡士林较石蜡对相似材料的抗渗效果好。

表 5.3   不同配比下相似材料的渗透系数

质量配比(河砂：石蜡：凡士林：液压油)	渗透系数/(10⁻⁴cm/s)	质量配比(河砂：石蜡：凡士林：液压油)	渗透系数/(10⁻⁴cm/s)
40：0.8：1：1	4.52	40：1：0.8：1	5.16
40：0.9：1：1	4.26	40：1：0.9：1	4.89
40：1：1：1	4.03	40：1：1：1	4.58
40：1.1：1：1	3.74	40：1：1.1：1	4.11
40：1.2：1：1	3.27	40：1：1.2：1	3.55
40：1.3：1：1	2.44	40：1：1.3：1	2.94
40：1.4：1：1	1.83	40：1：1.4：1	2.35

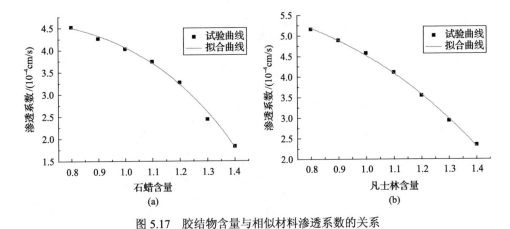

图 5.17   胶结物含量与相似材料渗透系数的关系

5.3   采动覆岩垮裂空间展布形态探测方法

采用行之有效的技术手段，以获得采场覆岩的空间展布形态，对于优化采煤工作面开拓开采布局，降低采动覆岩涌水溃砂风险，保障煤矿安全生产具有十分重要的意义。现有技术中，对采动覆岩变形破坏特征的有效研究手段主要有现场实测和物理模拟两种。

由于采场上覆岩层具有隐蔽性的特点，现场研究采用的方法是钻孔漏失量法、钻孔电视法、预埋位移计和应力计法，但仅局限于对岩梁断裂高度及范围的探索。岩梁断裂高度及范围不能明确反映采场上覆岩层的空间展布形态，即仅能证明裂隙或断裂的存在，但其存在形式及状态并不明确。同时现场实测也存在周期长、成本高等缺点。物理模拟试验可以对覆岩变形破坏进行直接观测，但也仅停留在对模型表面的观测,对于模型内部覆岩垮裂形态尚缺乏可有效探测的技术手段。因此,如何获取采动覆岩垮裂三维空间展布形态成为当前难点问题之一。

采动覆岩垮裂空间展布形态探测方法是基于物理模拟试验能较真实地反映煤层开采后覆岩的垮裂空间展布形态这一观点提出的。巧妙地运用淀粉遇碘变蓝的显色反应,进行"示踪",煤层开采后,对覆岩垮裂位置进行准确定位;并将灌注流动性好,凝结时间较短,凝固后有一定强度的环氧树脂及时灌注至煤层开采模拟试样的内部,待其凝结固化后,形成仿真度极高的煤层开采引起的覆岩垮裂形态[192]。

采动覆岩垮裂空间展布形态探测方法包括以下步骤:

(1)依据煤系地层综合柱状图及各岩层的物理力学测试结果,获得各岩层岩性、厚度、密度、弹性模量、泊松比和强度等物理力学参数。

(2)根据几何相似比和应力相似比,确定物理模型的几何尺寸和各岩层相似材料的配比;值得特别说明的是,相似材料为多种非亲水性材料的混合物,其中掺加有一定比例的淀粉。

(3)将相似材料按所需模拟的煤系地层情况,在试验台中进行分层铺设,并在不同岩性的岩层与岩层之间,采用云母片进行隔离、分层,直至全部铺设完成,制成相似材料模型。

(4)对制作的相似材料模型进行采煤工作面模拟开采。

(5)采煤工作面模拟开采完成后,根据相似材料模型覆岩的直观垮落形态,确定相似材料模型顶部垂直钻孔的具体布局、钻孔数量及钻孔深度;从相似材料模型顶部垂直向下钻若干数量的孔;钻孔完成后,向所钻孔中灌注碘溶液,碘溶液注入量的上限以在孔中不产生未渗透的积液为前提。

(6)向所钻孔中灌注流动性好、黏度低的环氧树脂;待环氧树脂凝固后,环氧树脂在模型内部将形成空间三维展布的树状模型。

(7)对相似材料模型进行水平分层剖面,对有碘溶液渗透并与淀粉反应呈现蓝色的轨迹和环氧树脂所形成的空间三维展布树状模型进行拍照和测绘,以记录覆岩层的裂隙分布状况、断裂和离层的位置信息,以及断裂和离层的具体尺寸数据。

(8)将上述所得各信息、数据进行汇总,即得到采动覆岩垮裂三维空间结构展布形态。

5.4　采动覆岩涌水溃砂灾害模拟试验研究

5.4.1　模拟试验的理论基础

相似材料模拟试验的理论基础,主要包括以下 3 个定律:

(1) 相似定律一：两个相似的系统，单值条件相同，其相似判据的数值也相同。

(2) 相似定律二：当一个现象可用 n 个物理量的函数关系来表示，且这些物理量中含有 m 种基本量纲时，则能得到 $(n-m)$ 个相似判据。

(3) 相似定律三：凡具有同一特性的现象，当单值条件(系统的几何性质、介质的物理性质、起始条件和边界条件等)彼此相似，且由单值条件的物理量所组成的相似判据在数值上相等时，这些现象必定相似。

上述 3 个定律是相似理论的中心内容，它说明了现象相似的必要和充分条件。在采矿工程中，由于描述其物理现象的微分方程难以在单位条件下进行积分，而应用定律二、定律三时，并未涉及此微分方程能否积分求解，因此，相似理论的应用就显得特别有价值，成为相似材料模拟试验的理论基础。

采动覆岩涌水溃砂灾害模拟试验涉及流固耦合问题，采用均质连续介质的流固耦合模型[193]：

$$
\begin{cases}
\text{渗流方程} \quad K_x \dfrac{\partial^2 p}{\partial^2 x} + K_y \dfrac{\partial^2 p}{\partial^2 y} + K_z \dfrac{\partial^2 p}{\partial^2 z} = S \dfrac{\partial p}{\partial t} + \dfrac{\partial e}{\partial t} + W \\[3mm]
\text{平衡方程} \quad \sigma_{ij,i} + X_j = \rho \dfrac{\partial^2 u_i}{\partial t^2} \\[3mm]
\text{有效应力方程} \quad \sigma_{ij} = \bar{\sigma}_{ij} + \alpha \delta p
\end{cases}
\tag{5.2}
$$

式中，K_x、K_y 和 K_z 分别为 x、y 和 z 方向的渗透系数，$K_x = K_y = K_z$；p 为水压力；S 为贮水系数；e 为体积应变；W 为源汇项；σ_{ij} 为总应力张量；$\bar{\sigma}_{ij}$ 为有效应力张量；X_j 为体积力；ρ 为密度；α 为 Biolt 有效应力系数；δ 为 Kronker 记号；u_i 为位移。

对于流固耦合模型中的平衡方程，结合其物理方程和几何方程将应力和应变分量消去，获得只包含位移分量的方程：

$$
\begin{cases}
G \nabla^2 u + (\lambda + G) \dfrac{\partial e}{\partial x} + X = \rho \dfrac{\partial^2 u}{\partial t^2} \\[3mm]
G \nabla^2 v + (\lambda + G) \dfrac{\partial e}{\partial y} + Y = \rho \dfrac{\partial^2 v}{\partial t^2} \\[3mm]
G \nabla^2 w + (\lambda + G) \dfrac{\partial e}{\partial z} + Z = \rho \dfrac{\partial^2 w}{\partial t^2}
\end{cases}
\tag{5.3}
$$

式中，∇^2 为拉普拉斯算子，$\nabla^2 = \dfrac{\partial^2}{\partial x^2} + \dfrac{\partial^2}{\partial y^2} + \dfrac{\partial^2}{\partial z^2}$；$G$ 为剪切弹性模量，$G = \dfrac{E}{2(1+\mu)}$；λ 为拉梅常数，$\lambda = \dfrac{\mu E}{(1+\mu)(1-2\mu)}$；$e$ 为体积应变，$e = \dfrac{\partial u}{\partial x} + \dfrac{\partial v}{\partial y} + \dfrac{\partial w}{\partial z}$；

X 、Y 和 Z 为 3 个方向的体积力；u, v, w 分别为 x, y, z 方向的位移分量。

该方程对原型(′)及模型(″)均适用。设 $G' = C_G G''$；$E' = C_E E''$；$x' = C_l x''$；$\lambda' = C_\lambda \lambda''$；$e' = C_e e''$；$u' = C_u u''$；$X' = C_\gamma X''$；$\rho' = C_\rho \rho''$；$t' = C_t t''$。同时，

$$\frac{\partial e'}{\partial x'} = \frac{1}{C_l} \frac{\partial e''}{\partial x''} ; \quad \nabla^2 u' = \frac{C_u}{C_l^2} \nabla^2 u'' ; \quad \frac{\partial^2 u'}{\partial t'^2} = \frac{C_u}{C_t^2} \frac{\partial^2 u'}{\partial t''^2} \circ$$

将上述关系式代入式(5.3)中的方程一可得

$$C_G G'' \frac{C_u}{C_l^2} \nabla^2 u'' + C_\lambda \lambda'' \frac{C_e}{C_l} \frac{\partial e''}{\partial x''} + C_G G'' \frac{C_e}{C_l} \frac{\partial e''}{\partial x''} + C_\gamma X'' = C_\rho \rho'' \frac{C_u}{C_t^2} \frac{\partial 2 u''}{\partial t''^2} \tag{5.4}$$

因为原型和模型都应满足式(5.3)，所以有

$$C_G \frac{C_u}{C_l^2} = C_\lambda \frac{C_e}{C_l} = C_G \frac{C_e}{C_l} = C_\gamma = C_\rho \frac{C_u}{C_t^2} \tag{5.5}$$

式中，C_G 为剪切弹性模量相似常数；C_E 为弹性模量相似常数；C_l 为几何相似常数；C_λ 为拉梅常数相似常数；C_e 为体积质量相似常数；C_u、C_γ 为变形相似常数；C_ρ 为密度相似常数；C_t 为时间相似常数。

由此可推出以下结论。

(1) 模型相似：$C_G = C_\lambda$。

(2) 几何相似：$C_u = C_e C_l$，因为模型变形后仍然要满足几何相似，所以 $C_e = 1$，则有 $C_u = C_l$。

(3) 重力相似：$C_G C_e = C_\gamma C_l$，由于 $C_G = C_E$，$C_e = 1$，则有 $C_E = C_\gamma C_l$。

(4) 应力相似：由于 $C_\sigma = C_E C_e$，则有 $C_\sigma = C_\gamma C_l$，当等效孔隙压力系数等于 1 时，$\sigma_{ij} = \bar{\sigma}_{ij} + \delta p$，$C_p = C_\gamma C_l$，即水压力相似。

(5) 时间相似：$C_G \frac{C_u}{C_l^2} = C_\rho \frac{C_u}{C_t^2}$，由于 $C_G = C_E$，则有 $C_t = C_l \sqrt{\dfrac{C_\rho}{C_E}}$，又由于 $C_\gamma = C_\rho \frac{C_u}{C_t^2}$，且 $C_\gamma = C_\rho C_g$，重力场内 $C_g = 1$，结合 $C_u = C_e C_l$，则有 $C_t = \sqrt{C_e C_l}$，当 $C_e = 1$ 时，$C_t = \sqrt{C_l}$。

(6) 外载荷相似：$C_h = C_\gamma C_l^3$，对于渗流方程，设 $K_x = K_y = K_z = K$，且 $K' = C_K K''$，$S' = C_S S''$，$Q' = C_Q Q''$，$y' = C_l y''$，$z' = C_l z''$，代入渗流方程可得

$$\frac{C_K C_p}{C_x^2} K'' \frac{\partial^2 p''}{\partial x''^2} + \frac{C_K C_p}{C_y^2} K'' \frac{\partial^2 p''}{\partial y''^2} + \frac{C_K C_p}{C_z^2} K'' \frac{\partial^2 p''}{\partial z''^2} = C_S S'' \frac{C_p}{C_t} \frac{\partial p''}{\partial t''} + \frac{C_e}{C_t} \frac{\partial e''}{\partial t''} + C_W W''$$

$$\tag{5.6}$$

因为原型和模型都应满足渗流方程，所以有

$$\frac{C_K C_p}{C_x^2} = \frac{C_K C_p}{C_y^2} = \frac{C_K C_p}{C_z^2} = C_S \frac{C_p}{C_t} = \frac{C_e}{C_t} = C_W \tag{5.7}$$

式中，C_K 为渗透系数相似常数；C_S 为贮水系数相似常数；C_W 为源汇项相似常数。由于 $C_e = 1$，$C_p = C_\gamma C_l$，$C_t = \sqrt{C_l}$，$C_x = C_y = C_z = C_l$，所以有（7）、（8）、（9）。

（7）源汇项相似：$C_W = \dfrac{1}{\sqrt{C_l}}$。

（8）贮水系数相似：$C_S = \dfrac{1}{C_\gamma \sqrt{C_l}}$。

（9）渗透系数相似：$C_K = \dfrac{\sqrt{C_l}}{C_\gamma}$。

5.4.2　工程背景

运河煤矿 7311 工作面原设计东临第四系防水煤柱，南临 DF21 逆断层，北近矿井边界保护煤柱。但在巷道掘进过程中，3 煤底板标高较生产矿井地质报告抬高较大，基岩厚度变薄，工作面部分区域进入了第四系防水煤柱范围内，在开采过程中面临涌水溃砂灾害的威胁。为了在保证安全开采的前提下，尽可能多的采出煤炭资源，对 7311 工作面水文地质情况进行了补充勘探。

5.4.2.1　7311 工作面区域概况

7311 工作面区域实际煤层底板标高–294.7～–225.5m，地面标高+36.15～+37.85m，煤层厚 6.0～6.5m，平均值为 6.3m，倾角为 2°～20°，平均值为 11°。区域煤层底板等高线如图 5.18 所示。

5.4.2.2　第四系含水层特性

7311 工作面上覆第四系含水层按其沉积物、富水性的不同由上至下可分为第一含水层、第二含水层和第三含水层。其中第二和第三含水层之间存在厚 6.4～14m、分布稳定的黏土层(以黏土和砂质黏土为主，间夹 1～2 层薄层细砂)，阻止了第二和第三含水层之间的水力联系。因此，影响工作面开采的主要含水层为第四系第三含水层。

7311 工作面附近共有 3 个孔径为 91mm 的水文钻孔，编号分别为 YS-2、Y-4 和 YS-6，揭露的第四系第三含水层为松散细砂层，孔隙较发育，厚度分别为 21.90m、22.22m 和 10.44m，地层正常消耗水量最大为 0.5～0.6m³/h，水压为 0.4~0.5MPa。对 YS-2 和 Y-4 孔进行单孔稳定流抽水试验，试验结果见表 5.4。含水层富水性等级划分标准：①弱富水性，$q \leqslant 0.1 \mathrm{L}/(\mathrm{s} \cdot \mathrm{m})$；②中等富水性，$0.1 \mathrm{L}/(\mathrm{s} \cdot \mathrm{m}) < q \leqslant 1.0 \mathrm{L}/(\mathrm{s} \cdot \mathrm{m})$；③强富水性，$1.0 \mathrm{L}/(\mathrm{s} \cdot \mathrm{m}) < q \leqslant 5.0 \mathrm{L}/(\mathrm{s} \cdot \mathrm{m})$；④极强富水性，$q > 5.0 \mathrm{L}/(\mathrm{s} \cdot \mathrm{m})$。按照含水层富水性等级划分标准，第四系含水层富水性为弱—中等。

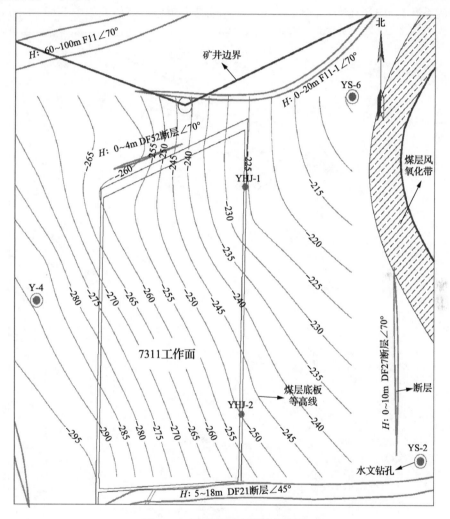

图 5.18　区域煤层底板等高线图

表 5.4　第四系第三含水层水文参数

孔号	渗透系数/(m/d)	含水层厚度/m	水位埋深/m	水位标高/m	涌水量/(L/s)	影响半径/m	导水系数/(m²/d)	单位涌水量/[L/(s·m)]
YS-2	0.6360	14.70	10.60	+26.80	1.1818	79.7496	9.3492	0.1182
Y4	0.0259	8.10	31.87	+4.34	0.0291	16.0935	0.2098	0.0029

5.4.2.3　隔水黏土层特性

黏土层位于第四系第三含水层底部，以灰绿、灰白色黏土和砂质黏土为主，厚度为 9.8～14m。黏土干密度为 $1.98×10^3$～$2.14×10^3 kg/m^3$，孔隙比为 0.27～0.39；砂质黏土干密度为 $2.08×10^3$～$2.18×10^3 kg/m^3$，孔隙比为 0.28～0.30。隔水层垂直渗透系数为 $0.5×10^{-6}$～$15×10^{-6} cm/s$。区域黏土层厚度等值线如图 5.19 所示。

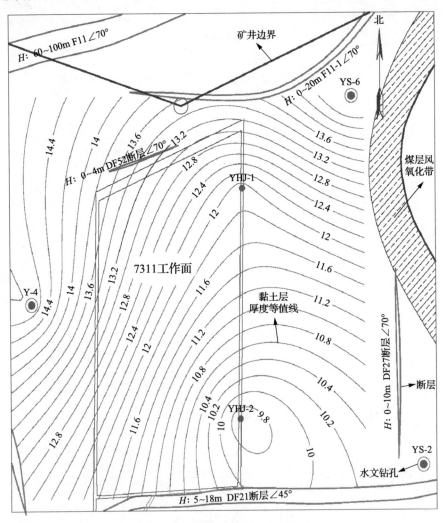

图 5.19　区域黏土层厚度等值线图

5.4.2.4　风氧化带特性

风氧化带位于黏土层底部，厚度为 7.3～9.7m，为细粒砂岩，呈黄褐色，厚层状, 细粒砂状结构, 成分以石英、长石为主, 次圆状, 分选性好, 弱风化, 局部具滑面, 钻孔施工过程中没有出现涌水现象。区域风氧化带厚度等值线如图 5.20 所示。

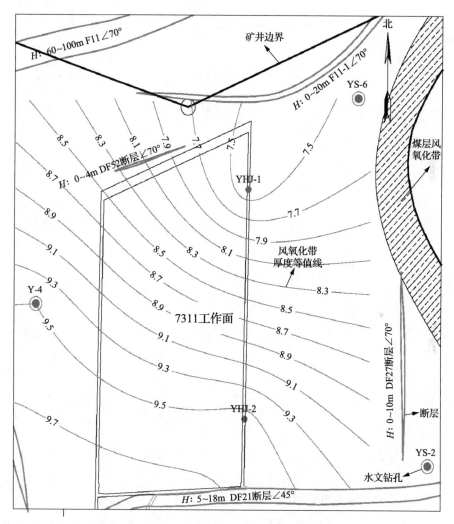

图 5.20　区域风氧化带厚度等值线图

5.4.2.5　基岩特性

风氧化带下部为基岩, 以砂岩和泥岩为主, 厚度为 20～75m, 属于中硬岩层, 区域基岩厚度等值线如图 5.21 所示。

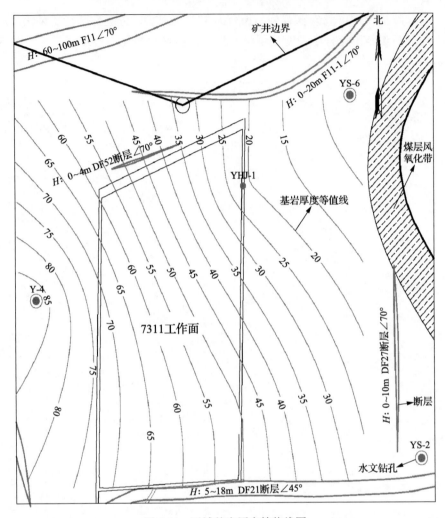

图 5.21　区域基岩厚度等值线图

5.4.2.6　涌水溃砂可能性分析

7311 工作面区域煤层厚 6.0～6.5m，平均为 6.3m，对于此类煤层可采用分层综采、综采放顶煤和一次采全高，首选开采方式为综放开采。其中，分层综采工作面的覆岩"两带"（垮落带和裂隙带）发育高度和形态分布已经基本查清，并被写入了《建筑物、水体、铁路及主要井巷煤柱留设与压煤开采规程》，但对于综采放顶煤工作面"两带"高度尚未有代表性的经验公式。受开采高度的影响，综采放顶煤开采工作面垮落带和裂隙带的发育高度定将明显增大。与运河煤矿 7311 工作面区域地质采矿条件相似的济宁煤田部分煤矿工作面综采放顶煤开采后，覆岩

"两带"情况见表 5.5。除了运河煤矿 1304 工作面因采高较大引起裂隙带发育高度较大外，其他 4 个工作面开采后导水裂隙带发育高度为 62~72.9m，平均为 68.04m，离散性较小。因此，预计 7311 工作面区域煤层开采后导水裂隙带发育高度大于 60m。综合考虑钻孔探测结果：含水层富水性为弱—中等、黏土层厚度为 9.8~14m、风氧化带厚度为 7.3~9.7m、基岩厚度为 20~75m，7311 工作面区域若采用长壁综放开采，采动覆岩裂隙极易导通松散含水层，出现涌水溃砂现象。

表 5.5　综放开采中硬岩层"两带"高度统计表

测试工作面	采高/m	倾角/(°)	采深/m	导水裂隙带高度/m	垮落带高度/m
南屯煤矿 63上10[194]	5.77	2~8	400	70.7	25
济宁三号煤矿 1301[195]	6.3	0~10	445~515	66.56	—
兴隆庄煤矿 1301[196]	6.36	6~13	约 450	72.9	—
杨村煤矿 301[197]	6.4	—	259~320	62	34
运河煤矿 1304	7.5	—	320~450	81.5	—

5.4.3　试验模型的制作

5.4.3.1　模拟试验参数确定

参考运河煤矿 7311 工作面区域煤系地层的地质采矿条件及涌水溃砂灾害模拟试验系统的有效试验尺寸值，将采动覆岩涌水溃砂灾害物理模型的几何相似系数 C_l 设为 200，试验模型长、宽和高分别为 1200mm、510mm 和 400mm。物理模型走向长度为 1200mm，相当于工程实际走向长度 240m；物理模型倾向长度为 400mm，相当于工程实际倾向长度 80m；物理模型采高为 30mm，相当于工程实际采高 6m。模拟自煤层顶板至松散含水砂层底界面共计 12 个地层和 1 个松散含水砂层。松散含水砂层用粒径为 40~60 目的彩砂进行模拟，通过对出水口处彩砂残留物的追踪，便可实现对涌水溃砂灾害发生的辨识。模型内每个抽板匀速 2min 抽出，每 30min 开采一次，相当于回采工作面每天推进约 20m。为了消除试验模型的边界效应，走向方向上两边各留一块 73mm×400mm 的抽板，相当于两边各留约 15m 的边界煤柱，倾向方向上试验模型背面设计一块 1200mm×30mm 的抽板，相当于留约 6m 边界煤柱，试验过程中不对其进行操作，整个模型共计开采 10 次。

5.4.3.2　相似材料配比选择

传统相似材料模型铺设选用的材料大部分为砂子、碳酸钙和石膏等，此类材料铺设而成的模型遇水后强度变化很大，极易崩解，考虑到涌水溃砂灾害模拟试验的特殊性，应选用非亲水材料模拟岩层，因此确定本试验材料选用河砂、石蜡、凡士林和液压油配制而成的低强度非亲水材料。按照容重相似系数 C_γ 为 1.5、几何相似系数 C_l 为 200，计算试验模型的应力相似系数 $C_\sigma = C_\gamma C_l = 1.5 \times 200 = 300$，试验模型的渗透相似系数 $C_K = \dfrac{\sqrt{C_l}}{C_\gamma} = \dfrac{\sqrt{200}}{1.5} \approx 9.4$。

　　低强度非亲水相似材料强度的调整主要通过调整石蜡或凡士林的含量，液压油只起调和剂作用。本次模拟试验的材料配比仅对凡士林含量进行了调整，配比试验结果如图 5.22 所示，凡士林含量与相似材料强度近似呈线性关系，拟合度较好；不同凡士林含量的相似材料抗压强度位于 88～151kPa，分布范围相对较大，基本可以满足模拟试验的需求。物理模型中各岩层岩性、厚度及材料配比自下而上见表 5.6。

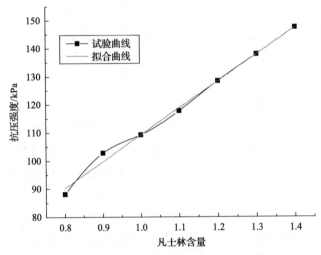

图 5.22　凡士林含量对相似材料强度的影响曲线

表 5.6　物理模型中各岩层岩性、厚度及材料配比

地层序号	地层岩性	原型厚度/m	铺设厚度/mm	质量配比(河砂：石蜡：凡士林：液压油)
1	3 煤	—		
2	砂岩	9.6	48	40：1.2：1：1
3	砂质泥岩	12.4	62	40：1.1：1：1
4	中粒砂岩	8.6	43	40：1.0：1：1
5	泥岩	4	20	40：0.7：1：1
6	泥岩	4.6	23	40：0.7：1：1
7	粉砂岩	6.2	31	40：0.9：1：1

续表

地层序号	地层岩性	原型厚度/m	铺设厚度/mm	质量配比(河砂：石蜡：凡士林：液压油)
8	中粒砂岩	10	50	40：1.0：1：1
9	铝质泥岩	8.6	43	40：0.8：1：1
10	中粒砂岩	17	85	40：1.0：1：1
11	风氧化带	9	45	40：0.7：1：1
12	黏土	10	50	40：0.7：1：1
13	细砂	—	—	—

5.4.3.3　试验模型制作及传感器布设

试验模型铺设之前，将煤层模拟抽板复位，并将要铺设的传感器经安装槽导入试验舱内。将每一层计量好的相似材料中的河砂倒入炒锅中加热至约 80℃，石蜡、凡士林和液压油混合物倒入多功能导热锅中水浴至完全融化成液体，再将两者快速搅拌均匀后倒入试验舱内进行铺设。相邻岩层之间采用云母粉作为自然分层界线。模型材料铺设时间不宜过长，防止在铺设过程中材料凝固，从而影响相似材料的力学特性。物理模型的铺设过程如图 5.23 所示。

在试验模型内共布设了 10 个土压力传感器用于监测工作面开采过程中围岩支承压力动态分布形态，布设位置如图 5.24 所示。

图 5.23　物理模型的铺设

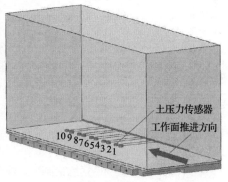

图 5.24　压力传感器布设位置示意图

5.4.4　涌水溃砂过程模拟及结果分析

5.4.4.1　涌水溃砂过程模拟

试验采用采动覆岩涌水溃砂灾害模拟试验系统的位移应力双控伺服系统中的位移控制模式，使试验舱施力压头与试验材料之间留有 5cm 的间隙，而后启动水压力水流量双控伺服系统中的水压控制模式，使承压水舱和试验舱内部的水压维持在 0.2MPa，此时施加于试验模型上方的力由水压提供，为柔性加载，便可开始模拟工作面的开采。回采过程中，利用模拟采煤装置，每个抽板匀速 2min 抽出，每 30min 开采一次，相当于回采工作面每天推进约 20m。在整个开采过程中，从试验舱透明的前挡板可以对覆岩变形破坏、裂隙发育扩展、水砂通道形成进行宏观监测；通过土压力传感器对覆岩支承压力进行连续采集；通过试验控制系统对水压和水流量等参数进行实时采集。工作面的模拟开采如图 5.25 所示。

煤层模拟抽板

抽板拖动装置

图 5.25 工作面的模拟开采

5.4.4.2 试验结果分析

1) 覆岩变形破坏及裂隙扩展规律分析

工作面推进至 20m 时，顶板岩层开始处于悬空状态，但并未发生断裂，只是出现明显的离层，如图 5.26(a) 所示。工作面推进至 40m 时，顶板岩层悬露达到极限值，发生断裂沉降，断裂岩层上方岩层也随之产生离层，如图 5.26(b) 所示。在工作面由 40m 推进至 60m 的过程中，有离层发育的高位岩层在采动应力作用下发生断裂，如图 5.26(c) 所示。工作面推进至 60m 时，顶板岩层出现第一次周期来压，顶板岩梁出现明显的超前断裂现象，如图 5.26(d) 所示。工作面推进至 100m 时，工作面发生第三次周期来压，顶板岩梁再次发生明显的超前断裂现象，上覆岩层垮裂高度有所增加，出现弯曲、离层的岩层明显增多，如图 5.26(e) 所示。工作面由 100m 推进至 200m 过程中，上覆岩层垮裂高度明显增加，采动裂缝主要集中在工作面上方和开切眼位置，不同层位岩层裂缝之间多有贯通，为涌水溃砂灾害的发生提供了良好的运移通道，采空区中部上方岩层虽然发生了较明显的弯曲下沉，但前期采动形成的导水裂缝通道逐渐被压密闭合，不利于水砂的运移，如图 5.26(f)～(j) 所示。

(a) 工作面推进至20m后

(b) 工作面推进至40m后(初次来压)

(c) 工作面推进至40~60m过程中

(d) 工作面推进至60m后(第一次周期来压)

(e) 工作面推进至100m后(第三次周期来压)

(f) 工作面推进至120m后

(g) 工作面推进至140m后

(h) 工作面推进至160m后

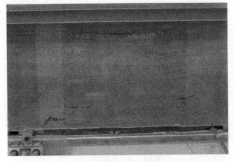 

(i) 工作面推进至180m后   (j) 工作面推进至200m后

图 5.26 采动覆岩变形破坏图

试验中基本顶初次来压步距为 40m，周期来压步距为 20m，岩梁发生间断性超前断裂现象，第一次和第三次周期来压时尤为明显。基本顶初次来压后，随着采煤工作面的继续推进，覆岩纵向裂隙逐渐向上发育，主要集中在工作面上方和开切眼位置，直至贯穿整个基岩层、导通上覆松散含水砂层，采空区上部岩层呈现整体弯曲下沉的状态。

2) 支承压力分布规律分析

工作面回采过程中，2 号和 4 号土压力传感器监测到的应力变化如图 5.27 所示。在开采初期，2 号和 4 号土压力传感器埋设位置皆位于工作面前方较远处，尚未受到采动影响，土压力传感器示数为原岩应力值；随着工作面的推进，2 号和 4 号土压力传感器埋设位置与工作面间的距离不断缩短，受采动影响程度逐渐增强，土压力传感器示数也随之增大，在工作面推进至靠近传感器的埋设位置时，土压力传感器示数达到最大值；在工作面推过土压力传感器埋设位置的瞬间，土压力传感器失去下方煤体的支承作用，随顶板岩层冒落至采空区，示数也随即骤减，示数仅为冒落带岩层和部分裂隙带岩层自重载荷；随着采煤工作面的继续推

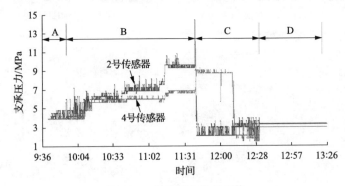

图 5.27 支承压力分布规律

进，土压力传感器埋设位置与工作面间的距离不断增大，此位置处冒落的岩层逐渐被压实，上覆岩层的运动也逐渐趋于停止，土压力传感器示数也逐渐趋于稳定。因此，回采工作面前后方支承压力的分布可以分为 4 个区域，即工作面前方的原岩应力区 A、应力增高区 B 和工作面后方的应力降低区 C、应力稳定区 D，如图 5.28 所示。

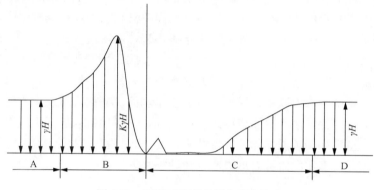

图 5.28　回采工作面前后方应力分布

K-应力增高系数；γH-原岩应力

3) 水压变化与水砂突涌的关系

在覆岩纵向裂隙贯穿整个基岩层、导通上覆松散层之前，水舱内水压能维持 0.2MPa 动态恒定，但出现了一定的渗水，水压水量控制系统中水泵有一定的泵送量，这一情况随着工作面的推进越发明显。当工作面推进至 180m 时，水泵突然加速，流量突然增至极值 150L/h，水压迅速降至 0MPa，少量彩砂随涌水进入覆岩裂隙并随水流流出，表明涌水溃砂事故发生。水压和流量变化如图 5.29 所示。

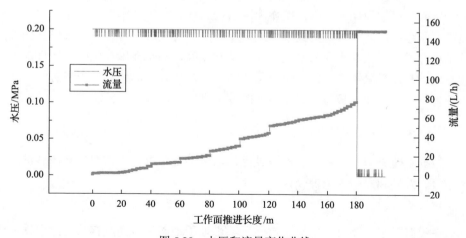

图 5.29　水压和流量变化曲线

5.4.5　涌水溃砂机理分析

5.4.5.1　涌水溃砂产生过程

煤层采出以后，由于顶板岩层处于悬空状态，失去了煤体的支承，在上覆载荷和自重作用下逐渐发生弯曲沉降和开裂冒落，在采空区上方形成垮落带和裂隙带，一旦扩展波及松散含水砂层，便与工作面建立起水力联系。与此同时，由于煤层的开采，采空区顶板岩石处于卸载状态，岩体的渗透性大大提高，顶板岩体在采动应力和水头压力共同作用下，松散含水层底界面下部岩层破坏带深度逐渐增加，增加了松散含水砂层与工作面建立水力联系的可能性。松散含水砂层与工作面之间一旦产生水力联系，松散含水砂层中水的流动状态将发生改变，水力梯度有所增大，并开始沿水砂通道向采空区流动，在对顶板岩层产生较大的动水压力的同时，也提高了顶板岩体的渗透能力，此时，当水力梯度达到一定值时，水砂便大规模涌入工作面内进而形成涌水溃砂灾害。

5.4.5.2　水砂空间分布特征

经水砂通道涌向采空区的水砂混合物首先进入离层区域，使上覆岩层产生变形膨胀从而使水砂产生一定的卸压，沿离层裂隙流动，直至流至岩层的垂向裂隙处，即穿层的优势导水裂隙，水砂混合物沿着此通道发生下泻。在水砂渗流下泻过程中，垂向裂隙因岩层拉伸和挤压而产生闭合时，水砂混合物会转而沿着岩层之间的离层裂隙流动，寻到新的垂直贯通裂隙(优势导水裂隙通道)，继续向下渗流下泻。当水砂混合物到达垮落带时，由于垮落带岩体较裂隙带岩体破碎松散程度高得多，且裂隙通道四通八达、连通性好，水砂混合物随机沿裂隙通道流动。上覆岩层中水砂混合物的流速、流量与采动裂隙发育特征密切相关。当覆岩中高位岩层破断产生周期来压时，工作面围岩应力场将发生根本性的变化，工作面四周岩层压缩区与碎胀区交汇处形成裂缝发育区，为水砂混合物进入采煤工作面提供了良好通道，在基本顶初次来压和周期来压时，涌水溃砂发生的可能性最大。这是由于在顶板来压之后，上覆岩层在瞬间会产生较大的移动变形和破坏，此时顶板岩层中导水裂缝最为丰富，为水砂运移提供了良好的运移通道。

5.4.5.3　涌水溃砂阶段性特征

根据上覆岩层水砂通道的形成过程，从时间上可以将工作面涌水溃砂灾害分为孕育、发展和发生 3 个阶段。

1)涌水溃砂孕育阶段

在没有开采扰动时，松散含水砂层基本处于动态稳定的赋存状态，根据宏观赋存、流失、补给条件，一般隶属于地下渗流场的一部分。在工作面开采初期，松散含水砂层中的水沿着岩体内部的原始孔隙和微裂隙向下渗透，在采煤工作面和上、下平巷顶板出现局部淋水现象。水的出现，不仅对顶板岩层起到了软化作用，而且水压作用加剧了导水裂缝通道的产生和扩展，采动岩体内部裂隙的扩展又反过来影响其内部水渗流场的变化及分布。

随着采煤工作面的推进，直接顶和下位基本顶垮落后不规则排列在采空区底部，上覆岩层产生较大范围的移动和破坏，下位基本顶发生初次来压，同时在开切眼和采场一侧产生倾斜向上的贯通裂隙，垮落带上方产生离层。伴随着上覆岩层高位岩体结构的破断，导水裂隙不断向上延伸和扩展，直至到达松散含水砂层，煤系地层中的水渗流场也随之发生根本性变化。

2) 涌水溃砂发展阶段

采煤工作面上覆岩层高位岩层结构发生周期性破断，在采场矿山压力作用下，采空区四周为支承压力高峰区，该区域岩层处于压缩状态；采空区中部为应力降低区，该区域的岩体处于碎胀状态。压缩状态区和碎胀状态区交汇处形成剪切破坏区，岩体变形在最薄弱区域加速发展，裂缝密集产生，所受应力达到或超过岩体强度，最终在采动岩体内形成上下连通的宏观竖向贯通裂隙，水借助自身势能由裂隙逐渐渗出，岩体继续变形产生更多的贯通裂缝，且贯通裂缝尺寸不断增大，渗水由一处增加至多处，渗水量也逐渐增加。采场煤壁、上下平巷及开切眼附近出现明显的渗水征兆。

3) 涌水溃砂发生阶段

采动岩体变形继续发展，由于带压水对贯通裂隙的冲刷作用和对岩体的渗透软化作用，破裂带内诸多小而曲折的贯通裂隙迅速崩解，贯通裂隙尺寸不断扩大，形成通过能力较大的水砂通道，松散含水砂层中的细砂在水流的带动下，沿着贯通裂缝下泻，原来的渗水迅速演变为涌水溃砂灾害。

第6章 采动覆岩涌水溃砂灾害防治技术

采动覆岩破坏形成的水砂通道和含水层中较高的初始水头压力是松散含水层下薄基岩采掘涌水溃砂灾害的主要诱发因素，因此，在工程实际中，减小采动覆岩破坏程度和降低含水砂层初始水头压力是预防采掘涌水溃砂的两种主要手段。从减小采动覆岩破坏程度方面考虑，可采用留设防水(砂)安全煤岩柱、条带法开采和充填法开采等技术；从降低含水砂层初始水头压力方面考虑，可采用疏水降压，减小动水压力的方法。

6.1 采动覆岩破坏探测方法及技术

6.1.1 基于漏失量监测的采动覆岩导水裂隙分布探测

6.1.1.1 探测原理及步骤

基于漏失量监测的采动覆岩导水裂隙分布探测系统组成如图 6.1 所示，该系统由钻机、探测装置、封堵调控系统、注水压力监控系统 4 个部分组成。其基本原理为：通过钻机向煤层顶板钻孔，将施工完成的钻孔的某一段的前后端实施密封，而后向其内部注水，水通过采动覆岩裂隙向四周渗透，当注水达到饱和时，根据累计注水量(等同于漏失量)判断采动覆岩中裂隙的大小。

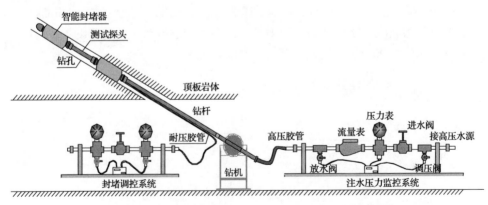

图 6.1 基于漏失量监测的采动覆岩导水裂隙分布探测系统

基于漏失量监测的采动覆岩导水裂隙分布探测法包括以下步骤：
(1)确定需要进行裂隙带探测的顶板位置和钻进深度。

(2)启动钻机,从所确定的顶板位置处钻进,直至达到预定钻进深度。

(3)撤出钻杆,将钻头换为探测装置后再次送入钻孔内,直至到达探测位置。

(4)启动封堵调控系统,通过注水使得探测装置上的两个封堵胶囊膨胀,并通过保压实现待探测段前后端的密封。

(5)启动注水压力监控系统,向密封后的待探测段注水,并通过流量传感器监控累计注水量,通过水压传感器进行注水水压的实时监测。当注水水压上升至初始注水水压的 3～5 倍时,便可停止注水,累计注水量便等同于漏失量。

(6)放掉封堵胶囊内的水,然后将探测装置从钻孔中撤出。

6.1.1.2 实例分析

实测地点为运河煤矿 7311 工作面,综合考虑开采实际及观测要求,将覆岩导水裂隙带发育高度实测地点选在工作面轨道平巷与联络巷的交汇处,共布置 3 个观测孔,其中一个为采前观测孔(1 号孔),两个为采后观测孔(2 号和 3 号孔),如图 6.2 所示,3 个观测孔的参数见表 6.1。

对 7311 工作面开采后导水裂隙带发育高度的观测自 2014 年 11 月 26 日开始,到 2014 年 11 月 28 日结束,1 号、2 号和 3 号孔分别从 15m、10m 和 13m 处开始观测,观测间距为 1m,观测深度分别为 50m、117m 和 89m。对 3 个观测孔作垂直剖面图,如图 6.3 所示。

(1)采前孔(1 号孔)从 15m 处开始观测,岩层整体漏失量较少,漏失量为 0.9～3L/min,最大漏失量发生在 40m 处。采前孔(1 号孔)随钻孔深度增加,漏失量如图 6.4(a)所示。

(2)采后孔(2 号孔)从 10m 处开始观测,在 10～18m 阶段,钻孔漏失量较为稳定,维持在 3L/min 左右;在 18～48m 阶段,钻孔漏失量逐渐增加,在 33m 处突增至最大值 14.2L/min,之后有所降低,在 48m 处突降至 6.2L/min;在 48～114m 阶段,钻孔漏失量除部分位置外一直维持在 6L/min 以上,114m 以后漏失量再次变小并趋于稳定。整个观测阶段,采后孔(2 号孔)漏失量经历了稳定—突然增大—突然减小—动态稳定—减小—稳定的过程。通过分析可以看出,10～48m 阶段为具有较大裂隙区域,钻孔钻进过程中不反水或仅有少量反水,这也证明了此区域具有较大裂隙;48～114m 阶段虽然漏失量有所降低,但与采前孔相比,漏失量仍相对较大;114m 以后钻孔已经接近导水裂隙带边缘,漏失量稳定。因此,采后孔(2 号孔)观测到的垮落带高度为 24.8m,导水裂隙带的高度为 59.9m。采后孔(2 号孔)随钻孔深度增加漏失量如图 6.4(b)所示。

(3)采后孔(3 号孔)从 13m 处开始观测,在 13～21m 阶段,钻孔漏失量较为稳定,维持在 2L/min 左右;在 21～57m 阶段,钻孔漏失量逐渐增加,在 27m 处突增至最大值 15.8L/min,而后有所降低,在 57m 处突降至 5.1L/min;在 57～89m

阶段，钻孔漏失量除部分位置外一直维持在 6L/min 以上。在现场实测过程中，钻孔 89m 以上部分出现塌孔，因而未能继续观测。整个观测阶段，采后孔（3 号孔）漏失量经历了稳定—突然增大—突然减小—动态稳定的过程。通过分析可以看出，

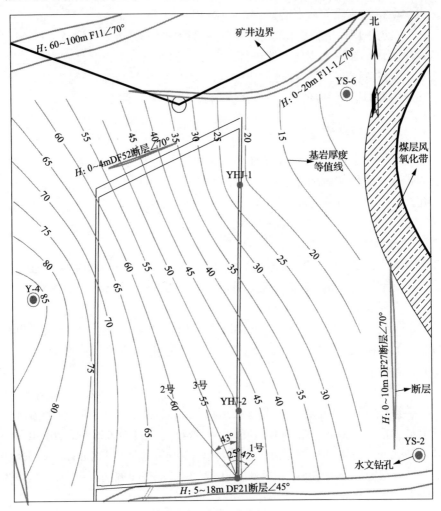

图 6.2　观测孔布置图

表 6.1　观测孔参数

孔号	孔性	孔径/mm	方位/(°)	仰角/(°)	孔深/m
1 号	采前		N47°	55	60
2 号	采后	Φ93	N317°	26	160
3 号			N335°	22	133

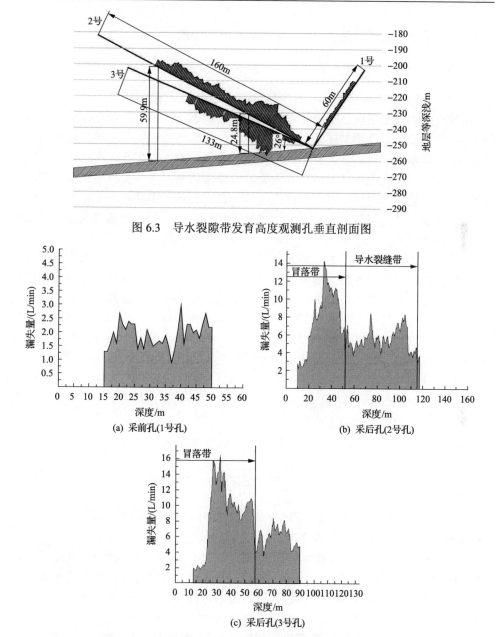

图 6.3　导水裂隙带发育高度观测孔垂直剖面图

图 6.4　钻孔深度与漏失量关系曲线

10～57m 阶段为具有较大裂隙区域，钻孔钻进过程中不反水或仅有少量反水，这也证明了此区域具有较大裂隙；57～89m 阶段虽然漏失量有所降低，但与采前孔相比，漏失量仍相对较大。因此，采后孔（3 号孔）观测到的垮落带高度为 21.8m。采后孔（3 号孔）随钻孔深度增加漏失量如图 6.4(c)所示。

6.1.2　基于应力监测的采动覆岩导水裂隙带高度探测

6.1.2.1　探测原理及步骤

除了 6.1.1 节中介绍的基于漏失量监测的采动覆岩导水裂隙分布探测法外,现有比较有效的探测手段还有钻孔电视法、电法或磁法探测等。但是在实际探测过程中,基于漏失量监测的采动覆岩导水裂隙分布探测法和钻孔电视法均需布设钻孔,钻孔成本高、周期长,且钻孔是在破裂岩体中施工,塌孔、卡钻时有发生,施工难度大。钻孔电视法只能在井内无液或井液透明且没有套管的钻孔中使用,应用局限性较大。电法探测虽然施工简单、费用较低,但是存在一定的多解性,需要进一步加强定量模型的研究,以进行筛选校验。磁法探测易受其他电磁场干扰,垂直分辨效果差,不具备动态效应,适用范围也较小。

基于应力监测的采动覆岩导水裂隙带高度探测法通过针对性地布设压力传感器以进行断裂岩层自重应力数据采集等简单的技术手段,将采动覆岩导水裂隙带高度探测这一费时费力复杂的操作过程,简化成应力监测并依据应力检测结果反推算具体的采动覆岩导水裂隙带高度。较好地解决了现有导水裂隙带高度探测技术中存在的成本高、工期长和精确低的技术难题,具有探测结果精度高,所需时间短、施工快捷、操作简便、探测成本低等特点,具有良好的实用性[198]。

基于应力监测的采动覆岩导水裂隙带高度探测法包括以下步骤。

(1)依据煤系地层综合柱状图获取地层信息,所述地层信息包括工作面上覆各岩层的岩性、厚度和容重基础数据。

(2)按式(6.1)计算出工作面上覆地层的自重应力 σ_0:

$$\sigma_0 = \sum_{i=1}^{n} \gamma_i h_i \tag{6.1}$$

式中, σ_0 为上覆地层的自重应力; n 为地层编号,由煤层顶板向地表依次增大; γ_i 为第 i 层岩层的容重; h_i 为第 i 层的岩层厚度。

(3)以采煤工作面走向和倾向中线交叉点为起点,沿工作面倾向方向,在采煤工作面顶板断裂之前,在煤层底板上,以工作面基本顶周期来压步距为间距,埋设一排规格型号相同的压力传感器,压力传感器数量至少为 3 个,并分别用信号传输线将各压力传感器与采集系统进行通信连接。

(4)随着工作面向前推进,采空区上方的各岩层在自重应力的作用下断裂直至垮落,垮落的各岩层的重力作用在煤层底板上,经由相应的各压力传感器检测并实时传送至数据采集系统。

(5)待采集系统采集到的各压力传感器所传送来的压力信号稳定后,找出各压力传感器中压力数值读数的最大值 σ_{max} ,并按式(6.2)计算出覆岩导水裂隙带的发育层位数 m:

$$\sum_{i=1}^{m} \gamma_i h_i = \sigma_{\max} \qquad (6.2)$$

式中，m 为覆岩导水裂隙带的发育层位数；γ_i 为第 i 层岩层的容重；h_i 为第 i 层的岩层厚度。

(6)按式(6.3)计算出覆岩导水裂隙带的发育高度 H：

$$H = \sum_{i=1}^{m} h_i \qquad (6.3)$$

式中，h_i 为第 i 层的岩层厚度。

需要说明的是，压力传感器之所以按照步骤(3)所述的原则进行布置，而不是仅仅埋设 1 个，主要是因为考虑到边界效应的影响，以及煤层顶板的不充分垮落导致应力监测失效问题的出现。实际操作中，可根据具体情况，进行具体数量的选择。即可以根据需要在 3 个以上的合理范围内进行合理选择。

另外，综合考虑断裂岩梁与传感器接触瞬间对传感器的冲击力、传感器精度和经济因素(传感器量程越大，精度越低；精度越高，价格越高)，压力传感器的量程一般按计算所得的工作面上覆地层的自重应力 σ_0 的 1.2～1.8 倍，取整数之后进行匹配选择。

6.1.2.2　实例分析

以某矿某工作面为例，依据其煤系地层综合柱状图，获取的工作面上覆各岩层的岩性、厚度和容重基础数据见表 6.2。

表 6.2　工作面上覆各岩层的岩性、厚度和容重统计表

地层编号	岩性	厚度/m	容重/(kg/m³)
0	3 煤	6	1410
1	泥岩	7.58	2506
2	砂质泥岩	9.90	2437
3	中粒砂岩	6.75	2568
4	泥岩	6.79	2371
5	粉砂岩	3.29	2622
6	中粒砂岩	6.86	2541
7	铝质泥岩	3.58	2268
8	中粒砂岩	10.81	2571
9	风氧化带	9.58	1769
10	黏土	9.64	2180
11	第四系	150	2231

采动覆岩导水裂隙带高度探测具体步骤如下。

(1)计算工作面上覆 11 个地层的自重应力 $\sigma_0 = \sum_{i=1}^{n} \gamma_i h_i = 5.11\text{MPa}$，其中 σ_0 为上覆地层的自重应力；n 为地层编号，由煤层顶板向地表依次增大，共计 11 个；γ_i 为第 i 层岩层的容重；h_i 为第 i 层的岩层厚度。

(2)考虑断裂岩梁与传感器接触瞬间对其的冲击力、传感器精度和经济因素，实际选取自重应力的 1.5 倍为压力传感器的量程，即选取的压力传感器量程应为 7.67MPa，由于传感器量程一般为整数，选用的压力传感器量程为 8MPa，精度为 0.01MPa。

(3)采空区冒落矸石受力状态在线监测平面布置如图 6.5 所示。在采煤工作面顶板断裂之前，以采煤工作面走向和倾向中线交叉点为起点，沿工作面倾向方向，在煤层底板上，以工作面基本顶周期来压步距为间距，等间距埋设 3 个压力传感器，压力传感器数量的编号分别为 1#、2# 和 3#，并分别用信号传输线将各压力传感器与采集系统进行通信连接；考虑到工作面基本顶周期来压步距为 13.6m，压力传感器的间距选为 14m。

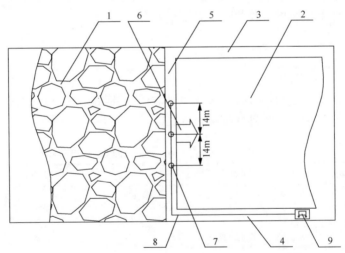

图 6.5　采空区冒落矸石受力状态在线监测平面布置图

1-煤矿采空区；2-待开采的煤体；3-皮带平巷；4-轨道平巷；5-工作面控顶区；
6-工作面推进方向；7-压力传感器(布置间距≥采煤工作面基本顶周期来压步距)；
8-信号传输线；9-采集系统

用信号传输线将压力传感器与采集系统相连，工作面推过压力传感器埋设位置后，该处采空区上方的岩层在自重作用下会产生断裂，断裂岩层的重力就会作用在压力传感器上，并将引起压力传感器示数的变化，利用采集系统对其进行实时采集，直至采集到的压力传感器的示数基本保持不变。3 个压力传感器监测到的应力示数变化规律如图 6.6 所示，具体数据见表 6.3。

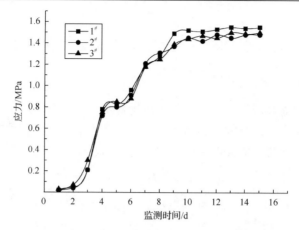

图 6.6 3 个压力传感器监测到的应力示数变化规律的曲线图

表 6.3 3 个压力传感器监测到的应力示数变化统计表 （单位：MPa）

编号	1d	2d	3d	4d	5d	6d	7d	8d	9d	10d	11d	12d	13d	14d	15d
1#	0.02	0.05	0.21	0.78	0.83	0.96	1.18	1.28	1.49	1.52	1.51	1.53	1.55	1.54	1.55
2#	0.02	0.04	0.21	0.72	0.80	0.91	1.21	1.31	1.37	1.45	1.42	1.48	1.45	1.48	1.48
3#	0.03	0.07	0.30	0.75	0.85	0.88	1.18	1.25	1.39	1.44	1.47	1.45	1.50	1.49	1.50

从图 6.6 中可以看出，压力传感器的示数随着时间呈现出先增大后稳定的趋势。这是由于随着采煤工作面向前推进，埋设压力传感器位置处的采空区上方覆岩裂隙逐渐向上发育，作用在压力传感器上的断裂岩层的高度也随之增大，从而引起压力传感器中压力示数的增加；当向前推进的距离使工作面达到较充分采动的状态之后，埋设压力传感器位置处的采空区上方覆岩裂隙不再向上发育，作用在压力传感器上的断裂岩层的高度也基本保持不变，压力传感器中压力示数便呈现出较稳定的状态。

(4)待采集到的压力传感器的示数基本保持不变，选取所采集到的压力传感器中压力示数最大值 $\sigma_{\max} = 1.55\text{MPa}$ ，使用该值作为导水裂隙带高度的计算依据。

具体如下：由煤层顶板向地表依次叠加各个岩层的自重应力 $\sigma = \sum_{i=1}^{m} \gamma_i h_i$ ，直至计算至第 9 层（即风氧化带），$\sum_{i=1}^{i=9} \gamma_i h_i = 1.555\text{MPa}$ ，第 9 层即为覆岩导水裂隙带的发育层位，则第 1 层至第 9 层岩层的累计厚度 $\sum_{i=1}^{i=9} h_i = 65.14\text{m}$ ，即为该矿某工作面覆岩导水裂隙带的发育高度。该工作面开采完成后，采用基于漏失量监测的采动覆岩导水裂隙分布探测法实测的覆岩导水裂隙带的发育高度数值为 65.85m，二者基本相等，验证了基于应力监测的采动覆岩导水裂隙带高度探测法的可靠性。

6.2　留设防水(砂)安全煤(岩)柱防治涌水溃砂灾害

6.2.1　防水安全煤(岩)柱留设

受涌水溃砂灾害威胁的煤层，为了防止含水丰富的含水层和流砂层水砂溃入井下，应留设防水煤(岩)柱，如图 6.7 所示，防水安全煤(岩)柱的最小高度应大于或等于导水裂隙带最大高度和保护层厚度之和，即

$$H_水 \geqslant H_导 + H_保 \qquad (6.4)$$

式中，$H_水$ 为防水安全煤(岩)柱高度；$H_导$ 为导水裂隙带最大高度；$H_保$ 为保护层厚度。

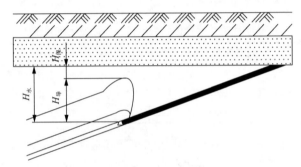

图 6.7　防水安全煤(岩)柱

若松散层为中等或强含水层，且直接与基岩接触，而基岩风化带亦含水，则留设防水安全煤(岩)柱时还应考虑基岩风化带厚度，如图 6.8 所示，即

$$H_水 \geqslant H_导 + H_保 + H_风 \qquad (6.5)$$

式中，$H_风$ 为基岩风化带厚度。

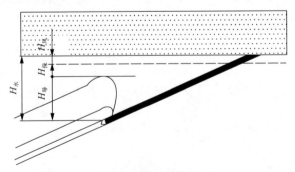

图 6.8　基岩风化带含水时防水安全煤(岩)柱

6.2.2　防砂安全煤(岩)柱留设

若导水裂隙带波及不到含水层，但垮落带接近或有可能进入松散层，为了防止泥砂溃入井下，应留设防砂安全煤(岩)柱，如图 6.9 所示。防砂安全煤(岩)柱的最小高度应大于或等于垮落带最大高度和保护层厚度之和，即

$$H_{砂} \geqslant H_{垮} + H_{保} \tag{6.6}$$

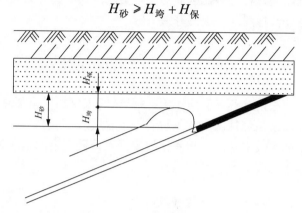

图 6.9　防砂安全煤(岩)柱

中倾斜以下煤层(0°～54°)防水安全煤(岩)柱保护层厚度选取依据见表 6.4，中倾斜以下煤层(0°～54°)防砂安全煤(岩)柱保护层厚度选取依据见表 6.5。

表 6.4　中倾斜以下煤层(0°～54°)防水安全煤(岩)柱保护层厚度(不适用于综放开采)

覆岩岩性	松散层底部黏性土层厚度大于累计采厚	松散层底部黏性土层厚度小于累计采厚	松散层全厚小于累计采厚	松散层底部无黏性
坚硬(>60MPa)	4A	5A	6A	7A
中硬(30～60MPa)	3A	4A	5A	6A
软弱(5～30MPa)	2A	3A	4A	5A
极软弱(<5MPa)	2A	2A	3A	4A

注：$A = \dfrac{\sum M}{n}$，其中 $\sum M$ 为累计采厚，n 为分层层数。

表 6.5　中倾斜以下煤层(0°～54°)防砂安全煤(岩)柱保护层厚度

覆岩岩性	松散层底部黏性土层或弱含水层厚度大于累计采厚	松散层全厚大于累计采厚
坚硬(>60MPa)	4A	2A
中硬(30～60MPa)	3A	2A
软弱(5～30MPa)	2A	2A
极软弱(<5MPa)	2A	2A

留设防水(砂)安全煤(岩)柱防治涌水溃砂灾害对于新建矿井的适用性较强;对于老矿井来说,在矿井设计之初,为了避免涌水溃砂事故的发生,常常已经留设较大的防水煤柱,但随着矿井可采储量的减少,老矿井将此类受松散含水层威胁的煤层开采作为矿井延长服务年限、挖潜革新的首选目标。此类煤炭资源的开采已经进入了《建筑物、水体、铁路及主要井巷煤柱留设与压煤开采规程》规定的防水(砂)安全煤(岩)柱之内,因此对于此类煤炭资源的开采实际上是缩小原有防水(砂)安全煤(岩)柱尺寸,提高开采上限。

6.3　条带法开采防治涌水溃砂灾害

与长壁式全部垮落法开采有所不同,条带法开采仅能采出部分地下煤炭资源,留设的部分煤炭以条带煤柱的形式支承着上覆岩层,从而起到抑制覆岩变形破坏、减小裂隙发育扩展高度的作用。以易于发生涌水溃砂灾害的地层为原型,对不同条带法开采方案下的裂隙发育高度进行研究。

6.3.1　条带法开采导水裂隙发育特征数值模拟

以易于发生涌水溃砂灾害的地层为研究基础,借助 FLAC^{3D} 数值模拟软件,采用采后覆岩塑性区破坏范围近似判别导水裂隙带范围及最大高度。计算模型的长、宽和高分别为 600m、400m 和 250m,为保证计算精度,煤层和顶板 80m 范围内网格划分尺寸较小,单元边长不大于 2m,其余网格尺寸相对较大,为 3m,单元类型采用六面体单元,模型网格划分如图 6.10 所示。

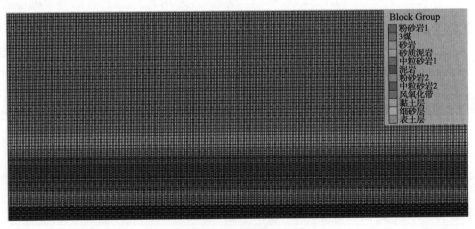

图 6.10　模型网格划分图

数值模型的前后和作用边界施加水平约束,底部边界固定,上部为自由边界。模型中煤岩体的物理力学参数见表 6.6。

表 6.6　煤岩体的物理力学参数

岩层名称	厚度/m	体积模量/GPa	剪切模量/GPa	抗拉强度/MPa	黏聚力/MPa	内摩擦角/(°)
粉砂岩 1	12	3.2	2.5	0.8	2.6	34
3 煤	6	2.2	1.1	0.65	1.3	33
砂岩	10	3.5	2.4	0.75	2.5	35
砂质泥岩	10	3.2	2.2	0.77	2.5	35
中粒砂岩 1	10	2.8	2.6	1.0	2.2	33
泥岩	2	2.4	2.0	0.7	2.0	31
粉砂岩 2	2	3.1	2.4	0.78	2.5	32
中粒砂岩 2	18	2.9	2.7	0.9	2.3	33
风氧化带	10	1.8	1.0	0.4	0.5	30
黏土层	10	1.5	1.2	0.18	0.2	30
细砂层	20	—	—	—	—	—
表土层	140	1.4	1.0	0.15	0.1	30

数值模型中煤岩体采用莫尔-库仑弹塑性模型。

模拟试验方案：固定采高为 6m，采出率为 50%，对采宽和留宽分别为 50m、60m、70m 和 80m 时的导水裂隙带的发育特征进行模拟研究。不同采宽和留宽情况下导水裂隙带的发育特征如图 6.11 所示。通过数值模拟试验可以发现，工作面采宽较小时，顶板岩层破坏形态并非呈"马鞍形"分布，而是呈"拱形"分布；随着工作面采宽的增加，顶板岩层破坏呈皇冠状分布。采宽、留宽(二者数值相等)分别为 50m、60m、70m 和 80m 时导水裂隙发育高度分别为 20m、26m、34m 和 45m，二者之间呈现线性关系，关系表达式为 $y = -22.7 + 0.83x$，拟合度为 0.973，如图 6.12 所示。条带法开采能有效抑制覆岩变形破坏，减小导水裂隙发育扩展的高度，进而避免采动裂隙波及含水砂层，对涌水溃砂灾害的发生起到了预防作用，但条带法开采同样也具有煤炭采出率低、巷道掘进率高的缺点。

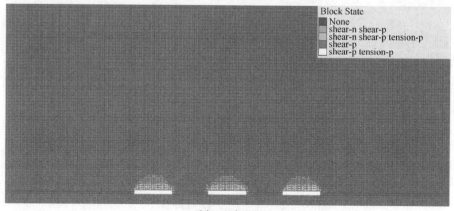

(a) 采宽、留宽均为50m

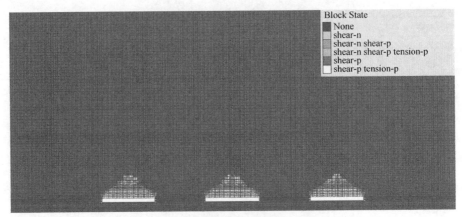

(b) 采宽、留宽均为60m

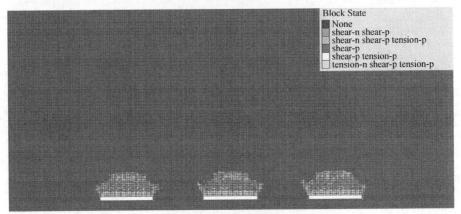

(c) 采宽、留宽均为70m

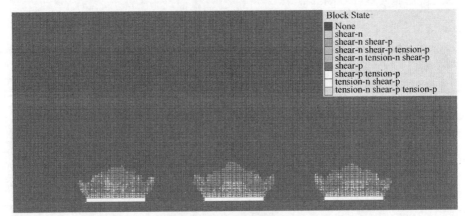

(d) 采宽、留宽均为80m

图 6.11   不同采宽、留宽条带法开采导水裂隙带发育高度

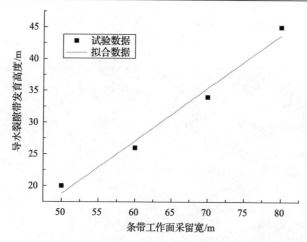

图 6.12　条带工作面采宽、留宽与导水裂隙带发育高度的关系

6.3.2　条带法开采导水裂隙带发育特征相似材料模拟

为了对比验证数值模拟试验的结果,选用 1∶100 的几何相似比,设计铺设了一个二维相似材料物理模型,为了便于对导水裂隙带发育高度的观察和测量,在模型表面均匀布设了间距为 10cm 的观测点。物理模型的尺寸为 3.0m×1.8m×0.4m,模拟采高为 6m,采宽和留宽皆为 70m。为弥补模型高度不足缺失的覆岩重量,在铺设完成的模型上方垒加铁块作为载荷补偿。铺设完成的模型如图 6.13 所示。

图 6.13　制作好的相似材料模型

对模型采用一次性开挖的方式,条带法开采后覆岩变形破坏和裂隙发育扩展演化情况如图 6.14 所示。从图中可以看出,覆岩的变形破坏和裂隙的发育扩展不是随着开挖的停止而停止的,具有一定的滞后性,上覆悬露的岩层在其重力作用下首先发生弯曲变形,弯曲沉降发展到一定程度之后,岩梁发生开裂破坏。由于

岩石的碎胀性，随着岩层层位的升高，悬露岩层下部允许运动的空间高度逐渐减小，岩层仅仅发生弯曲变形，产生微小裂隙，不再出现明显的断裂现象。

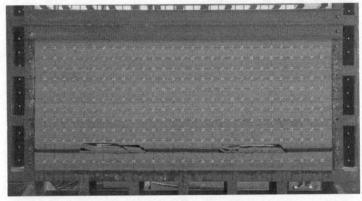

(a) 条带法开采1d后的模型

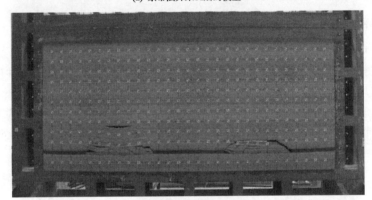

(b) 条带法开采2d后的模型

(c) 条带法开采运动稳定后的模型

图 6.14　条带法开采后覆岩变形破坏和裂隙发育扩展演化情况

条带法开采后上覆岩层运动稳定后覆岩垮裂形态如图 6.15 所示。按照几何相似比计算，1 号条带开采工作面开采后导水裂隙带的发育高度约为 40m，2 号条带开采工作面开采后导水裂隙带的发育高度约为 34m。因此采宽、留宽皆为 70m 的条带法开采工作面导水裂隙带的发育高度平均值约为 37m，与数值模拟试验结果基本吻合。

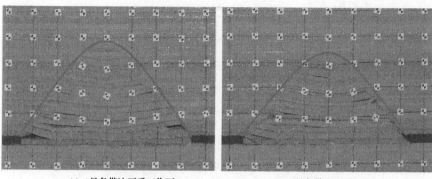

(a) 1号条带法开采工作面　　　　　　　　(b) 2号条带法开采工作面

图 6.15　条带法开采后上覆岩层运动稳定后覆岩垮裂形态

在理论上，相似材料模型中两个条带工作面导水裂隙带的发育特征应该相似，但试验结果有一定差别，这从侧面反映了相似材料模拟试验也有不足之处。综合考虑各方面的因素，产生这种结果主要有以下两个原因：

(1) 相似材料模型铺设不均匀，主要包括材料搅拌不均匀、压实度不均匀；

(2) 模型开挖过程中的采动影响。

6.4　充填法开采防治涌水溃砂灾害

充填法开采作为煤矿绿色开采技术体系之一，具有"高安全性、高采出率、环境友好"的基本特征。具体表现为以下三点：一是保护安全，提高矿井开采安全保障度。通过充填法开采，大大减少开采过程中带来的覆岩破坏、围岩松动和瓦斯压力的变化，从而降低顶板、瓦斯、水害等灾害发生的概率。二是保护有限的资源，提高采出率。三是保护生态环境，减少资源开采对环境的损害程度。一方面，可以将矿山副产品及居民生活生产过程中产生的固体垃圾等进行资源化利用，减少固体废弃物的堆放；另一方面，控制开采带来的地表移动变形，保护不可再生的水资源，减少对土地资源的占用与破坏。

充填法开采时，充填体通过对松动岩块施加侧向约束力，阻止其滑移，支承破碎围岩体，限制采空区围岩移动等多种形式来限制和阻止围岩发生变形和移动，降低围岩产生变形的程度。随着开采的持续进行，充填体体积逐渐变大，采场围岩体及充填体自身的移动形变累积到一定程度时，覆岩形变、破坏的宏观现象才会在采场，甚至地表表现出来。在充填法开采过程中，充填体的作用主要为以下几个方面：

(1)充填体对围岩的支承作用是被动的而不是主动的。充填体作为煤矿采空区的地质填补物，及时对采空区进行了补充，维系了采场围岩的自立能力和支护结构的承载能力，有效阻止了采场覆岩、巷道整体失稳或局部垮落及顶板的断裂，减弱了工作面的矿压显现。

(2)随着采煤工作面的推进，逐渐形成了煤体、充填体和围岩共同作用的协作支承体系。在该支承体系的作用下，上覆岩层发生较小程度的变形，顶板岩层不出现断裂失稳和垮塌现象。

(3)由于煤体、充填体及采场围岩形成协作支承体系的支护作用给围岩以位移约束，改变了采场覆岩、巷道两帮和支承体系内部的应力分布状态，使得其由两向应力状态变成了三向应力状态，降低了围岩中的应力差，最终上覆岩层下沉依靠充填支承体系的密实程度来阻止，充填体经过充分压实后可恢复其承载能力，限制顶板下沉量。这是充填法开采能够有效控制上覆岩层移动、减轻地表沉陷、防止涌水溃砂事故发生的主要原因。

6.4.1　充填膏体力学性质试验研究

膏体充填技术在金属矿山发展较快，在包括中国在内的许多国家得到广泛应用。但是在中国煤炭系统，充填开采目前还处于研究阶段。膏体充填[199]与金属矿山膏体充填相比，在充填材料、充填目的和充填要求等方面均不相同。膏体充填技术的核心是充填材料，强度作为充填材料特性的一个重要指标，对膏体充填的效果起决定作用。采用膏体充填开采，对充填膏体的强度有明确要求，若确定得过高，则造成不必要的浪费；若确定得过低，则达不到预期目标。目前，国内外对于膏体力学性质的试验尚未形成统一的标准，鉴于充填膏体在采场中所起的作用与岩体类似，所以膏体的力学性质试验可以参照岩石力学试验标准[200, 201]。

虽然目前对充填材料包括膏体材料进行的力学性质试验已经比较多[202-204]，但这些试验都是在室内进行配比养护后进行的，对充填现场的膏体取样进行试验的还不多。煤矿井下进行膏体充填时，采煤工作面壁后处于一个完全封闭的状态。地层岩石温度、氧化生热、空气压缩与膨胀等因素，造就了煤矿井下工作面壁后温度高、湿度大和无法通风等这一特殊的环境。因此，将充填后的膏体从工作面壁后重新钻孔取心，试验研究在煤矿井下特殊环境中各种因素综合作用后充填膏体的力学性质就显得尤为重要[205]。

6.4.1.1　现场取样方案

在工作面壁后对充填体进行钻孔取心。一般来说，混凝土施工 28d 后基本达到其长期强度，因此钻取了 30d 内的充填体。按照 3d 一个循环，每循环充填 4m

计，钻孔深度约 40m，对不同深度(即不同龄期)的充填体，采用 MTS815.03 电液伺服岩石试验系统进行力学性质试验。

　　为减少充填膏体的强度等力学参数的离散性对试验结果的影响，对不同龄期的充填膏体至少取两块进行试验，然后取平均值作为其力学参数。取样方案如下：在充填体上打 2 个钻孔，3 号钻孔实际深度约为 50m，距离膏体充填工作面端头 48m，4 号钻孔实际深度约为 42m，距离膏体充填工作面端头 20m，如图 6.16 所示。

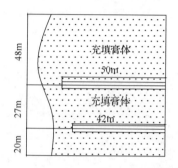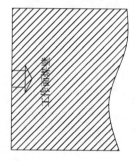

图 6.16　取样地点示意图

　　在现场取心时，要严格按以下要求进行：①采用 50mm 钻头(内径 50mm，即取得的膏体直径为 50mm)取心。②标明取心钻孔的位置、方位、角度、深度。③取心时由熟练技术工人操作，保证膏体心的完整。④所取各段膏体心标明所在钻孔的深度，并顺次编号。⑤取出膏体心后立即密封，采用保鲜膜密封。⑥取出膏体心后立即运抵实验室，加工成标准试件后马上进行试验。从现场取得的部分膏体心如图 6.17 所示。

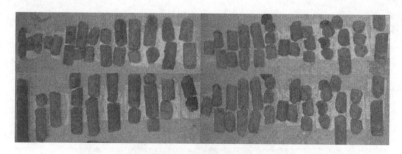

图 6.17　部分膏体心

　　在现场钻取膏体后立即密封，以保证与现场有相同的湿度和含水率，然后运抵实验室，在实验室内经过切、割、磨，加工成标准试件。膏体试样加工设备(磨石机和切割机)如图 6.18 所示。由于取来的部分膏体遇水易膨胀和崩解，部分膏体心过于酥软，在加工过程中不容易制取标准试样，部分试件的高度较低。但制取的试样的平整度、垂直度均能达到试验规范标准，如图 6.19 所示。

(a) 磨石机　　　　　　　　　　　　　(b) 切割机

图 6.18　膏体试样加工设备

(a)　　　　　　　　　　　　　　　(b)

图 6.19　部分标准膏体试样

6.4.1.2　充填膏体单轴拉伸试验

对采制的充填膏体，采用巴西圆盘法进行间接拉伸试验，试验装置如图 6.20 所示。破坏后部分膏体的拉伸试件如图 6.21 所示，试验结果见表 6.7 和表 6.8。

图 6.20　巴西圆盘法膏体间接拉伸试验装置

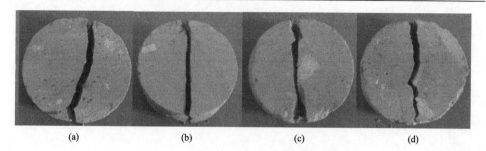

图 6.21 破坏后部分膏体的拉伸试件

表 6.7 3 号孔充填膏体拉伸试验结果

孔深/m	试件编号	直径/mm	高度/mm	抗拉强度/MPa
0～0.5	3-1-1	51.5	24.6	0.67900
1～1.5	3-2-1	48.8	25.7	0.26100
	3-3-1	53.7	32.8	0.62000
2～3	3-5-1	53.5	26.5	0.65700
3～4	3-6-1	53.2	34.0	0.58800
	3-6-2	51.4	40.0	打磨破损
4～5	3-7-1	52.8	34.0	0.63700
	3-7-2	50.4	26.0	0.86500
5～6	3-8-1	54.0	31.5	0.90300
	3-8-2	52.7	27.8	0.81900
	3-9-1	52.0	28.0	1.33000
6～7	3-11-1	53.0	33.5	0.37500
	3-13-2	52.0	28.7	1.05600
10～11	3-18-1	53.6	27.1	0.59300
	3-18-2	52.5	27.6	打磨破损
11～12	3-19-1	50.9	35.7	打磨破损
13～14	3-23-1	51.0	30.6	0.65700
14～15	3-24-1	52.5	23.6	0.59900
	3-24-2	53.5	33.7	0.60900
	3-25-2	53.7	32.0	0.64100
15～16	3-26-2	49.8	28.0	0.83200
	3-26-3	53.0	23.6	1.04500
	3-28-1	52.9	29.6	1.27800
16～17	3-29-1	53.4	31.6	1.06430
	3-31-1	52.6	40.2	1.08500
17～18	3-33-1	52.8	43.8	1.17200

孔深/m	试件编号	直径/mm	高度/mm	抗拉强度/MPa
18~19	3-34-1	53.3	34.9	0.59500
	3-34-2	53.0	24.5	打磨破损
	3-35-2	54.4	36.8	0.88900
20~21	3-39-2	52.9	35.7	1.17400
	3-41-1	51.9	36.6	0.75400
	3-41-2	48.0	31.7	0.90400
	3-41-3	50.7	25.8	打磨破损
21~22	3-42-1	52.8	23.1	1.28400
	3-43-1	51.8	30.0	1.03700
22~23	3-45-2	51.4	31.5	0.55600
	3-47-1	51.18	24.7	0.45900
	3-47-2	51.0	26.6	0.39800
23~24	3-49-1	53.3	31.7	0.46300
24~25	3-51-2	51.0	29.7	1.07700
25~26	3-55-1	53.2	26.3	0.59300
	3-56-2	53.4	24.9	0.92700
26~28	3-57-1	52.6	29.5	0.60500
	3-58-1	53.0	34.8	0.38900
	3-58-2	53.6	32.7	0.87900
	3-59-1	50.0	32.9	0.63800
28~30	3-60-1	49.9	35.9	0.74100
	3-62-1	53.5	34.0	0.78600
	3-62-2	54.0	32.7	1.12700
30~34	3-64-1	51.2	29.5	0.56000
	3-65-2	52.4	31.5	0.77400
	3-68-1	54.6	26.0	1.41600
34~36	3-71-1	53.8	30.4	2.17400
44~46	3-76-1	55.0	29.4	1.11200
	3-76-2	53.5	28.7	打磨破损
	3-76-3	53.4	24.9	1.21200
46~48	3-79-1	52.0	38.4	1.09500
	3-79-2	53.1	28.5	1.18000
	3-79-3	52.7	39.0	0.86700
	3-81-1	52.5	37.0	1.45200
	3-84-1	53.3	33.3	0.56000

续表

孔深/m	试件编号	直径/mm	高度/mm	抗拉强度/MPa
46～48	3-85-1	52.2	29.8	1.62100
	3-86-1	49.0	31.7	1.09600
	3-86-2	53.0	27.3	1.37000
48～50	3-89-1	53.4	33.0	0.98000
	3-89-2	53.0	36.7	1.02300
	3-90-1	52.7	25.5	0.84300

表 6.8　4 号孔充填膏体拉伸试验结果

孔深/m	试件编号	直径/mm	高度/mm	抗拉强度/MPa
0～0.5	4-2-1	50.5	28.7	0.9000
0.5～1	4-3-1	52.8	28.24	0.9000
1.5～3.5	4-6-1	52.8	34.92	1.1233
3.5～5.6	4-10-1	53.3	40.6	打磨破损
	4-10-2	50.7	34.7	0.5887
5.6～8	4-12-2	53.6	33.2	0.6767
	4-13-1	53.74	31.1	0.5455
	4-14-1	53.3	35.7	0.8474
	4-16-1	51.68	27.3	0.6989
	4-19-1	53.0	26.78	0.6628
	4-19-4	53.2	29.4	0.5082
8～10	4-21-1	50.9	24.7	0.7922
	4-21-3	52.9	26.1	0.6840
10～12	4-22	50.7	35.7	0.5888
12～14	4-23	51.28	38	0.5174
	4-24-1	51.9	27.7	0.5179
	4-24-2	53.3	47.8	打磨破损
	4-25-1	53.4	32.0	0.2663
	4-25-2	51.7	32.0	1.0562
18～20	4-30-2	51.4	24.0	1.0258
	4-30-4	52.7	21.7	1.0991
	4-30-5	52.8	20.8	1.1054
20～22	4-31-1	53.0	27.4	0.9046
	4-32-2	51.9	24.98	0.8285
	4-32-3	51.5	21.0	1.9551

孔深/m	试件编号	直径/mm	高度/mm	抗拉强度/MPa
22~24	4-33-1	53.1	85.0	打磨破损
	4-34-1	52.58	31.0	1.3473
24~26	4-36-1	52.0	33.9	1.0250
	4-37-1	52.96	19.7	1.2543
26~28	4-39-1	50.8	32.4	1.3382
28~30	4-40-1	52.9	25.0	打磨破损
	4-40-2	47.0	29.0	0.6917
	4-41-2	52.3	32.7	0.7528
30~32	4-42-3	50.7	33.6	0.6005
	4-43-1	52.5	29.1	0.4770
	4-44-2	50.8	28.6	1.0148
	4-44-3	52.0	32.4	0.3826
	4-44-4	52.5	29.7	0.7446
	4-46-1	52.64	23.0	0.7601
	4-47-1	52.2	32.8	1.4843
	4-47-2	52.1	34.8	0.7160
	4-47-3	51.6	26.8	0.8026
	4-47-4	58.3	21.2	0.7450
32~34	4-50-1	50.4	32.52	0.7915
	4-50-2	52.56	34.56	0.9664
	4-50-3	51.8	33.7	打磨破损
	4-51-1	52.54	27.14	0.2084
	4-51-3	49.0	28.0	0.9256
34~36	4-52-3	53.8	29.5	0.5583
	4-53-1	53.0	37.0	打磨破损
	4-54-1	49.5	36.7	0.7430
36~38	4-58-1	52.56	26.6	1.3310
	4-59-1	51.9	31.3	1.1074
	4-60-1	50.4	28.1	0.5229
	4-60-3	53.4	26.6	0.9444
	4-61	54.3	28.0	0.5751
38~40	4-62-1	52.8	18.0	1.1933
	4-62-2	52.2	19.4	1.2543

典型的膏体拉伸试验曲线如图 6.22 所示。

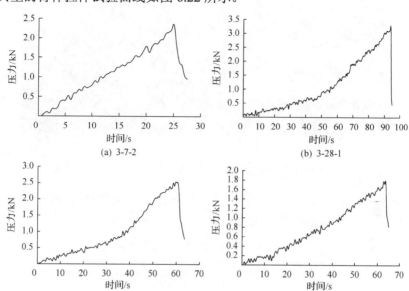

图 6.22　典型的膏体拉伸试验曲线

6.4.1.3　充填膏体单轴压缩试验

采用 MTS815.03 电液伺服岩石试验系统对采制的充填膏体进行单轴压缩试验，加载方式采用位移控制，峰前加载速度采用 0.1mm/s，峰后加载速度采用 0.2mm/s。同时，为了减小端面摩擦效应对试件强度的影响，试验中在试件上下端采用与试件直径相当的压头对试件进行加载。膏体单轴压缩试验装置如图 6.23 所示。充填膏体单轴压缩典型的破坏形态如图 6.24 所示。

图 6.23　膏体单轴压缩试验装置

(a)　　　　　　　　(b)　　　　　　　　(c)　　　　　　　　(d)

图 6.24　充填膏体单轴压缩典型的破坏形态

试验获得各试件的单轴压缩强度、弹性模量、泊松比等参数,见表 6.9 和表 6.10。典型的膏体单轴压缩全应力-应变曲线如图 6.25 所示。

表 6.9　3 号孔充填膏体单轴压缩试验结果

孔深/m	试件编号	直径/mm	高度/mm	单轴压缩强度/MPa	弹性模量/MPa	泊松比
5~6	3-10-1	53.6	70.8	9.53	1279.71	0.1437
6~7	3-11-2	52.7	66	4.69	663.99	0.0238
	3-12-1	52	61.5	2.51	159.44	0.0069
	3-12-2	50.3	68.5	3.68	274.64	0.0004
	3-13-1	50	54.7	5.08	537.42	0.0001
7~8	3-14-1	53.5	99	8.31	754.45	0.0077
	3-14-2	52.8	91.7	3.89	331.13	0.0046
	3-15-1	52.7	66.9	2.3	98.03	0.0671
	3-15-2	52.9	74	5.15	2614.35	0.0469
	3-16-1	53	65.7	2.79	228.222	0.1215
	3-16-2	52.4	81	3.47	236.16	0.0027
	3-17-1	52.4	85.8	5.05	405.503	0.0153
	3-17-2	51	41.5	3.2	105.27	0.1436
12~13	3-21-1	53.2	97.6	5	536.47	0.0005
14~15	3-24-3	51.8	48.64	4.63	466.09	0.2033
	3-25-1	52.6	86.5	6.96	1592.16	0.0172
15~16	3-26-1	50.4	83.2	6.92	868.39	0.0068
	3-27-1	51	61	4.58	316.99	0.0013
16~17	3-29-2	52.5	59	3.01	199.23	0.0004
	3-31-2	52	50.4	4.46	99.66	0.0054
17~18	3-32-1	49.7	106.5	7	508.62	0.0105

续表

孔深/m	试件编号	直径/mm	高度/mm	单轴压缩强度/MPa	弹性模量/MPa	泊松比
18～19	3-34-2	52.4	55	7.89	714.51	0.0001
	3-35-1	53.7	65.9	7.01	813.02	0.0455
	3-36-1	51.3	58	4.33	158.61	0.0044
19～20	3-37-1	51.5	63.7	5.76	374.32	0.0155
20～21	3-39-1	53	101.8	6.89	1659.16	0.0010
	3-40-1	50.5	96.48	6.54	1125.18	0.0158
21～22	3-44-1	53.4	83.6	5.5	549.55	0.0072
22～23	3-45-1	50.4	111.7	5.01	841.55	0.0081
	3-46-1	53	93	3.66	215.36	0.0002
23～24	3-48-1	54.3	65.9	3.3	273.06	0.0005
	3-48-2	49.3	58	2.51	181.65	0.0123
24～25	3-50-1	52.1	54	2.76	77.34	0.0056
	3-51-1	53.8	52.8	3.18	307.75	0.0198
25～26	3-52-1	53.3	58.5	打磨破损		
	3-52-2	51	71.7	6.08	778.45	0.0011
	3-53-1	53	93	8.92	2082.06	0.0192
	3-54-1	49.7	74.6	9.69	1718.50	0.0166
	3-56-1	52.3	105	3.87	267.759	0.0030
28～29	3-61-1	54.8	67	4.16	596.65	0.0174
	3-61-2	53.4	48.3	打磨破损		
30～32	3-65-1	55	71.3	3.46	316.62	0.0001
32～34	3-66-1	53.4	73.8	2.87	53.66	0.0010
	3-66-2	53.9	48.9	打磨破损		
	3-67-1	50.4	54	5.1	779.88	0.0003
34～36	3-70-1	53.2	67	10.4	1256.01	0.0001
46～48	3-78-1	52.4	71.1	9.72	1843.12	0.0199
	3-80-1	52.76	62	9.14	1547.38	0.0205
	3-80-2	52.2	63.6	8.06	1081.12	0.0169
	3-81-2	52.1	66.9	7.65	749.16	0.0109
	3-82-1	52	52.9	7.99	282.01	0.0910
	3-82-2	53	55.8	6.93	311.36	0.0108
	3-83-1	53.7	75	8.14	910.98	0.0144
	3-83-2	52.3	64	6.3	402.03	0.0135
	3-84-2	52.2	49.4	5.3	231.62	0.1811
	3-85-2	52.4	106.4	9.2	1782.25	0.0002

续表

孔深/m	试件编号	直径/mm	高度/mm	单轴压缩强度/MPa	弹性模量/MPa	泊松比
46~48	3-85-3	51.8	53	9.21	1358.15	0.0132
	3-87-1	51.8	57	5.1	277.55	0.2009
48~50	3-87-2	52.7	83.6	6.74	750.37	0.0138
	3-88-1	52.6	59	13.17	1232.19	0.0001
	3-88-2	52.3	94.8	7.22	1125.59	0.0180

表 6.10　4 号孔充填膏体单轴压缩试验结果

孔深/m	试件编号	直径/mm	高度/mm	单轴压缩强度/MPa	弹性模量/MPa	泊松比
0.0~0.5	4-1-2	50.5	59.42	4.56	173.74	0.0037
3.5~5.6	4-7-1	53.3	74.96	6.40	835.36	0.0294
	4-7-2	52.8	68.7	5.68	571.53	0.0062
	4-8-1	53.2	68.7	5.67	684.43	0.0126
	4-9-1	51.8	76.8	4.94	365.02	0.0055
5.6~8	4-11-1	53.3	67.6	4.69	316.52	0.0182
	4-12-1	53.34	83.2	5.18	487.86	0.0222
	4-13-2	51.6	89.3	6.19	1030.87	0.0283
	4-14-2	53.14	85.6	3.22	491.92	0.0035
	4-15-1	52.5	81.9	4.91	226.02	0.0002
	4-17-1	53.5	76.8	6.60	730.24	0.0185
	4-17-2	53.6	58.0	4.60	387.71	0.0446
	4-19-2	53.5	81.7	3.84	561.53	0.0083
	4-19-3	52.8	53.88	4.32	144.39	0.0050
8~10	4-20-1	52.7	73.74	3.60	208.90	0.0004
	4-20-2	53.0	95.0	5.65	862.36	0.0180
	4-21-2	55	95.1	5.10	834.13	0.0006
12~14	4-24-1	53.3	47.8	5.51	807.99	0.0356
16~18	4-27-1	53.6	81.1	4.85	590.48	0.0368
18~20	4-29-1	52.1	105.4	5.69	1141.44	0.0224
	4-29-2	50.3	50.3	3.01	125.16	0.0002
	4-30-1	52.5	91.9	5.62	566.22	0.0193
	4-30-3	50.7	91.3	打磨破损		
20~22	4-31-2	50.6	99.1	5.24	258.04	0.0362
	4-32-1	48.24	92.9	6.85	855.59	0.0154
22~24	4-33-1	53.1	85.0	5.72	628.52	0.0099
	4-34-2	48.9	112.1	4.72	276.04	0.0202
	4-35-1	53.18	91.7	5.76	628.26	0.0211

孔深/m	试件编号	直径/mm	高度/mm	单轴压缩强度/MPa	弹性模量/MPa	泊松比
24~26	4-36-2	51.9	104.9	5.07	143.80	0.0006
	4-37-2	53.3	91.5	8.20	951.26	0.0175
26~28	4-38-1	52.4	66.28	5.90	1015.76	0.0108
	4-39-2	52.3	59.7	5.07	368.32	0.0145
28~30	4-40-3	46.68	56.7	4.18	185.30	0.0006
	4-41-1	51.8	68.4	5.32	493.96	0.0202
	4-41-3	52.6	51.3	5.88	337.99	0.1888
30~32	4-42-1	51	51.76	4.23	418.59	0.0216
	4-42-2	51.8	49	5.94	258.93	0.2112
	4-43-2	51.5	53.4	4.15	271.10	0.0410
	4-44-1	52.84	61	5.93	1093.32	0.0278
	4-45-1	49.7	83.4	3.66	646.10	0.0281
	4-46-2	52.56	75.0	4.15	107.39	0.0254
	4-47-5	53.0	65.7	4.30	325.46	0.0245
32~34	4-48	52.5	73.3	3.43	749.77	0.0208
	4-49-1	52.3	64.1	5.66	1063.55	0.0144
	4-51-4	50.7	83.7	4.91	495.36	0.0658
34~36	4-52-1	53.6	55.0	4.80	386.50	0.1074
	4-52-2	52.1	46.7	3.31	446.01	0.0083
	4-54-2	51.5	56.8	3.65	546.81	0.0083
	4-55-1	48.4	72.0	5.10	650.19	0.0001
	4-55-2	51.5	64	5.61	899.04	0.0037
	4-55-3	50.5	67.3	5.12	663.71	0.0130
36~38	4-57-1	51.7	70.4	7.16	1108.49	0.0175
	4-57-2	50.9	67.6	3.48	838.62	0.0101
	4-58-1	49.8	70.0	7.23	1477.79	0.0120
	4-58-2	51.0	75.6	3.76	678.11	0.0097
	4-58-3	49.9	58.7	3.28	580.69	0.0001
	4-59-2	49.7	49.7	4.41	371.01	0.0788
38~40	4-63-1	49.5	58.9	3.90	358.31	0.0131
40~42	4-64-3	51.8	64	3.79	702.25	0.0128
	4-65-1	53.1	67.4	4.01	244.46	0.0006
	4-65-2	51.58	85.7	8.10	1434.19	0.0187
	4-65-3	52.3	59.7	5.07	368.32	0.0145

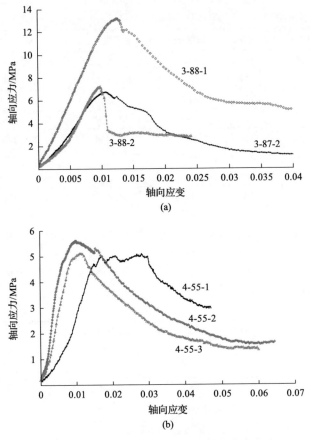

图 6.25　典型的膏体单轴压缩全应力-应变曲线

6.4.1.4　充填膏体三轴压缩试验

充填膏体在工作面壁后不是受单轴载荷作用的，而是大多处于二向或三向受力状态，因此研究充填膏体在三向受力状态下的力学特性是十分必要的。本次试验采用 MTS815.03 电液伺服试验系统对充填膏体进行了不同围压下的常规三轴压缩试验，围压分别为 1MPa 和 3MPa。为了避免膏体试件压缩破坏后的粉末进入围压系统中，试验中需要将试件密闭包装，包装好即将进行试验的膏体试件如图 6.26 所示。之后将试件放入 MTS 三轴室内进行试验，试验进行中的 MTS 三轴室如图 6.27 所示，试验结束后从 MTS 三轴室取出露出的膏体试件，如图 6.28 所示。

充填膏体常规三轴压缩试验结果见表 6.11。三轴压缩全应力-应变曲线如图 6.29 和图 6.30 所示。

图 6.26　包装好的膏体试件

图 6.27　试验进行中的 MTS 三轴室

图 6.28　试验结束提起三轴室

表 6.11　充填膏体常规三轴压缩试验结果

试件编号	围压/MPa	高度/mm	直径/mm	三轴强度极限/MPa	残余强度/MPa	弹性模量/MPa
1#	1	96.44	48.22	9.5415	9.4474	650.482
2#	1	100.30	50.15	9.8367	9.2475	448.440
3#	1	99.74	49.63	10.0026	9.4786	509.952
平均值				9.7936	9.3912	536.291
4#	3	99.48	49.91	19.4983	19.3840	175.367
5#	3	99.34	49.87	16.8554	16.8355	144.528
6#	3	99.88	49.67	17.8866	17.8428	177.998
7#	3	100.12	49.62	19.5525	19.5487	160.854
平均值				18.4482	18.4028	164.687

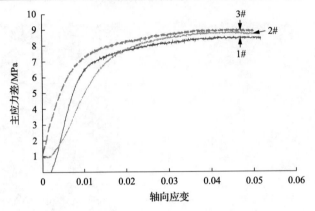

图 6.29　三轴(1MPa)压缩全应力-应变曲线

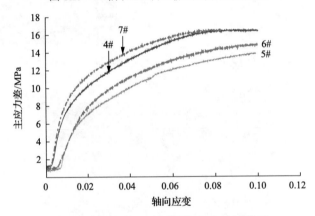

图 6.30　三轴(3MPa)压缩全应力-应变曲线

　　从图 6.29、图 6.30 和表 6.11 可以看出，围压对充填膏体变形性能及强度影响十分明显。充填体即使在围压只有 1MPa 的条件下，也表现出了典型的塑性强化特征。在围压作用下，充填膏体内部的孔隙闭合使充填材料密实，围压越大，充填膏体压实程度越大，抗压强度越大，残余强度也越大。

　　膏体充填材料在低围压下表现出明显的塑性强化特征，这非常重要，因为充填区充填膏体的受力环境与之类似，因此在膏体充填开采煤的设计中可适当降低充填体的强度要求，降低充填材料成本，取得更好的经济效益。

6.4.1.5　充填膏体力学性质分析

1) 充填膏体力学参数与孔深的关系

　　一般，混凝土施工 28d 后基本能达到其长期强度。本书取了施工后 30d 内的充填体，来试验膏体强度与时间的关系。按照 3d 一个循环，每个循环充填 4m，因此膏体强度与时间的关系可以参照与孔深的关系。

充填膏体钻孔取心后通过试验测得抗拉强度、单轴压缩强度、弹性模量、泊松比与孔深之间的关系，分别如图6.31～图6.34所示。

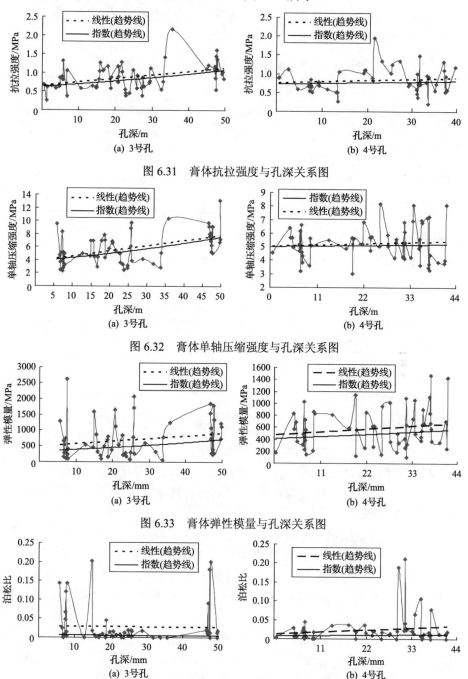

图 6.31　膏体抗拉强度与孔深关系图

图 6.32　膏体单轴压缩强度与孔深关系图

图 6.33　膏体弹性模量与孔深关系图

图 6.34　膏体泊松比与孔深关系图

可以看出，3号孔膏体的力学参数随着孔深增加而增大的趋势较为明显，而4号孔膏体的力学参数随孔深增加而增加不是很明显。

为了定性分析充填膏体的各个力学参数与孔深之间的关系，采用最小二乘法分别得到其线性方程和指数方程，见表6.12。

表 6.12　充填膏体的各个力学参数与孔深之间的关系

类别	3 号孔		4 号孔	
	线性方程	指数方程	线性方程	指数方程
抗拉强度	$y=0.0093x+0.6588$	$y=0.6324e^{0.0107x}$	$y=0.003x+0.7705$	$y=0.7312e^{0.0026x}$
单轴压缩强度	$y=0.0802x+3.8298$	$y=3.7952e^{0.0137x}$	$y=0.0081x+5.0609$	$y=5.0155e^{0.0008x}$
弹性模量	$y=8.2859x+500.27$	$y=336.24e^{0.0152x}$	$y=4.4671x+478.1$	$y=411.8e^{0.0075x}$
泊松比	$y=0.0287-1\times10^{-5}x$	$y=0.0059e^{-0.0017x}$	$y=0.0005x+0.0132$	$y=0.0076e^{0.0103x}$

2) 充填膏体力学特性分析

(1) 试验结果表明，所测膏体的力学性质离散性大。充填膏体力学性质综合表见表6.13。

表 6.13　充填膏体力学性质综合表

力学参数	3 号孔		4 号孔		3 号孔+4 号孔	
	范围	平均值	范围	平均值	范围	平均值
抗拉强度/MPa	0.26~2.17	0.88	0.21~1.95	0.84	0.21~2.17	0.86
单轴压缩强度/MPa	2.3~13.17	5.88	3.01~8.20	5.01	2.3~13.17	5.436
弹性模量/MPa	53.66~2614.35	712.09	107.39~1477.79	581.49	53.66~2614.35	645.14
泊松比	0.0001~0.2033	0.028443	0.0001~0.2112	0.024666	0.0001~0.2112	0.0265

(2) 由于充填膏体为水泥、矸石、粉煤灰的混合体，其在工作面充填后在有限空间和特定环境(温度和湿度大、无法通风等)自然凝固，虽然强度尚可，但凝结性差，取心率较低。

(3) 试验膏体的抗拉强度为0.21~2.17MPa，平均值为0.86MPa；单轴压缩强度为2.3~13.17MPa，平均值为5.436MPa。试验表明充填膏体的强度较高。

(4) 试验膏体的弹性模量很低，为53.66~2614.35MPa，平均值为645.14MPa(混凝土的弹性模量为20000~38000MPa)。这说明充填膏体在承载时变形(压缩量)较大。

(5) 所测试件的泊松比偏低，为0.0001~0.2112，平均值为0.0265(混凝土的泊松比为0.14~0.23)。这说明充填膏体在承载压缩时不会产生太大的横向变形，即膏体承载压缩变形不需要横向变形空间，表明膏体存在受顶板和覆岩压缩时发生竖直变形的潜在性和可能性。

(6) 整体看来,充填膏体的力学性质随着孔深(即充填时间)的增加而增加。根据试验结果和拟合分析可知,4m 深度(充填后 1d)和 40m 深度(充填后 30d)的 3 号孔、4 号孔不同龄期的力学性质见表 6.14。

表 6.14 充填膏体不同龄期的力学性质

力学参数	3 号孔				4 号孔			
	线性方程		指数方程		线性方程		指数方程	
	4m、1d	40m、30d	4m、1d	40m、30d	4m、1d	40m、30d	4m、1d	40m、30d
抗拉强度/MPa	0.696	1.03	0.66	0.97	0.78	0.89	0.74	0.81
单轴压缩强度/MPa	4.15	7.04	4.01	6.56	5.09	5.38	5.03	5.18
弹性模量/MPa	533.41	831.71	357.32	617.59	495.97	656.78	424.34	555.87
泊松比	0.029	0.028	0.019	0.015	0.015	0.033	0.019	0.011

3) 充填膏体井上测试结果

为了对比分析充填体的性能,对充填体下井前的灰浆和矸石浆的强度特性进行了测试,结果见表 6.15。

表 6.15 膏体充填前井上测试结果

充填日期	灰浆						矸石浆					
	坍落度/mm	膏体试模抗压强度/MPa					坍落度/mm	膏体试模抗压强度/MPa				
		18h	1d	3d	7d	28d		18h	1d	3d	7d	28d
12-23	270	0.09	0.13	0.48	0.87	5.03	265	0.13	0.17	0.56	0.94	5.08
12-24	271	0.11	0.17	0.52	0.79	4.98	262	0.14	0.19	0.61	1.17	6.97
12-27	271	0.10	0.15	0.43	0.83	5.21	265	0.09	0.20	0.67	1.19	6.41
12-30	270	0.09	0.12	0.47	0.81	5.17	266	0.12	0.18	0.59	1.14	6.70
01-13	270	0.09	0.14	0.51	0.90	5.37	265	0.15	0.20	0.62	1.19	6.88
01-20	272	0.10	0.13	0.46	0.82	5.44	265	0.14	0.19	0.61	1.08	5.98
01-25	270	0.09	0.19	0.41	0.87	5.26	268	0.16	0.18	0.63	1.09	6.93
01-30	274	0.11	0.13	0.50	0.87	5.18	265	0.14	0.19	0.61	1.14	7.15
02-04	270	0.09	0.16	0.55	0.85	5.09	265	0.08	0.25	0.66	1.02	7.01
02-10	270	0.10	0.14	0.53	0.91	5.22	263	0.14	0.19	0.59	1.08	6.54
02-24	272	0.09	0.13	0.54	1.02	5.17	265	0.11	0.22	0.60	1.20	6.83
02-28	270	0.12	0.13	0.58	0.68	5.41	265	0.14	0.19	0.64	1.14	6.97
03-05	280	0.08	0.11	0.40	0.84	5.20	275	0.15	0.16	0.61	1.11	6.25
03-13	275	0.08	0.11	0.46	0.81	5.20	270	0.14	0.19	0.65	1.05	6.25
03-24	265	0.12	0.18	0.61	1.25	缺失	261	0.17	0.26	0.69	1.23	缺失

对充填膏体井上测试结果进行汇总，见表 6.16。

表 6.16　充填膏体井上测试结果汇总

样品	坍落度/mm	膏体试模抗压强度/MPa				
		18h	1d	3d	7d	28d
灰浆	265～280	0.08～0.12	0.11～0.19	0.40～0.61	0.68～1.25	4.98～5.44
平均值	270.7	0.0973	0.141	0.497	0.875	5.21
矸石浆	261～275	0.08～0.17	0.16～0.26	0.56～0.69	0.94～1.23	5.08～7.15
平均值	265.67	0.1333	0.197	0.623	1.118	6.57

通过对比可以看出充填膏体下井前，同一龄期的充填膏体较井下充填膏体的离散性明显变小，随着时间的增加，充填膏体的强度明显增强。

4）充填膏体的 C、φ 值

结合单轴压缩试验结果可以看出，在围压作用下，充填膏体的强度均明显增加，残余强度增加尤为明显，但是，在围压作用下，充填膏体的弹性模量明显变小。

根据库仑准则及单轴、三轴压缩试验结果，可以回归出充填膏体的库仑准则的主应力关系式。对充填膏体主应力进行线性回归，如图 6.35 所示。

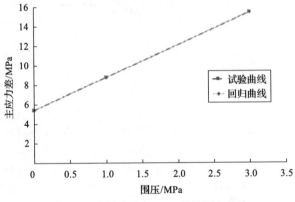

图 6.35　充填膏体 $\sigma_1-\sigma_3$ 线性回归曲线

线性回归方程为

$$\sigma_1-\sigma_3=5.444657+3.335957\,\sigma_3 \quad (\rho=0.99999) \tag{6.7}$$

式中，σ_1 为最大主应力；σ_3 为最小主应力；ρ 为拟合度。

岩石的强度方程：

$$\tau=\sigma\tan\varphi+C \tag{6.8}$$

三轴试验线性回归方程：

$$\sigma_1 - \sigma_3 = \sigma_3 \tan\alpha + k \tag{6.9}$$

式中，φ 为岩石内摩擦角；C 为岩石内聚力；$\tan\alpha$ 为线性回归方程的斜率；k 为线性回归方程的纵轴截距。

根据莫尔应力圆关系可导出内摩擦角 φ 和内聚力 C 的计算公式：

$$\varphi = 2\tan^{-1}\sqrt{\tan\alpha + 1} - 90 \tag{6.10}$$

$$C = \frac{k(1 - \sin\varphi)}{2\cos\varphi} \tag{6.11}$$

类比岩石计算出充填膏体的内聚力 C 为 1.31MPa，内摩擦角 φ 为 38.7°。

6.4.2　膏体相似材料正交配比试验研究

相似模拟试验具有研究周期短、成本低、成果形象直观等优点，是煤矿开采室内研究的一种重要手段。相似模拟试验在煤层开采过程中的岩层移动与覆岩破坏规律研究中，已得到较广泛的应用。但是大多数相似材料模拟试验中相似材料的选择与配比都是按照经验来选取的，此类文献相对较少。为了能够较准确地配比出低强度相似材料，以满足小比例相似模拟试验的需求，采用正交试验的方法对低强度相似材料配比进行研究。研究了如何用砂子、粉煤灰、石膏配制满足力学性质的低强度相似材料。

6.4.2.1　相似材料的选择

相似模拟试验是用与原型力学性质相似的材料，按一定关系制成模型，它具有原型结构的全部或主要特征。相似材料的选择、配比对模型材料的物理力学性质有很大的影响，对模型试验的成功与否起着决定性作用。

1) 粉煤灰

(1) 粉煤灰的化学成分。

粉煤灰是从煤燃烧后的烟气中沉淀下来的细灰粉，其化学成分主要有二氧化硅（SiO_2）、三氧化二铝（Al_2O_3）、氧化钙（CaO）、三氧化二铁（Fe_2O_3）和未燃烧的碳颗粒等。我国粉煤灰化学成分的波动范围及其平均值见表 6.17。

表 6.17　我国粉煤灰化学成分的波动范围及平均值　　　　（单位：%）

化学成分	SiO_2	Al_2O_3	Fe_2O_3	CaO	MgO	K_2O+Na_2O	SO_2
波动范围	35～60	16～36	3～14	1.4～7.5	0.4～2.5	0.6～2.8	0.2～1.9
平均值	49.5	25.3	6.9	3.6	1.1	1.6	0.7

(2)粉煤灰的颗粒组成。

电子显微镜显示，粉煤灰由多种颗粒组成，如图 6.36 所示，其中球形颗粒占总数量的 60%以上。粉煤灰的颗粒组成常与煤种、收集方式和燃烧程度等因素有关。粉煤灰颗粒主要有以下几种形式[206]：空心微珠（又称漂珠）、厚壁实心微珠、高铁微珠、不规则玻璃体和多空玻璃体、碳粒。

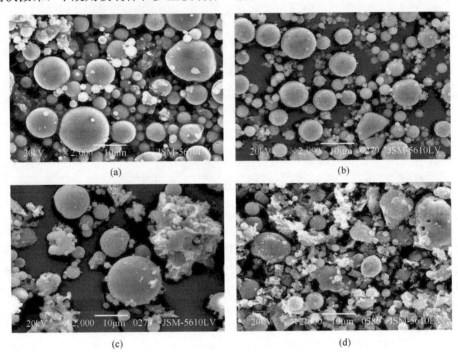

图 6.36　粉煤灰的微观结构形貌

(3)粉煤灰的理化性质。

粉煤灰是灰色或灰白色的粉状物，含水量大的粉煤灰呈灰黑色，具有较大内表面积和多孔结构，多半呈玻璃状，其主要物理性质见表 6.18。

表 6.18　粉煤灰的主要物理性质

项目类型	密度/(g/cm³)	堆积密度/(g/cm³)	比表面积/(cm²/g)		原灰标准稠度/%	需水量/%	28d 抗压强度比/%
			氮吸附法	透气法			
范围	1.9~2.9	0.531~1.261	800~19500	1180~6530	27.3~66.7	89~130	37~85
均值	2.1	0.780	3400	3300	48.0	106	66

粉煤灰是一种人工火山灰质混合材料，它本身没有或略有水硬胶凝性能。但当其以粉状及有水状态存在时，能在常温，特别是在水热处理条件下，与氢氧化

钙或其他碱土金属氢氧化物发生化学反应，生成具有水硬胶凝性能的化合物，成为一种增加强度和耐久性的材料。

2) 石膏和砂子

(1) 石膏。

石膏粉又称二水石膏、水石膏、软石膏或者生石膏，化学名为二水硫酸钙，分子式为 $CaSO_4 \cdot 2H_2O$，分子量为 172.17，为灰白色或白色单斜晶系结晶性粉末，呈半透明或透明状，无味，折射率为 1.52，莫氏硬度为 1.5～2，相对密度为 2.31～2.36，难溶于水，溶于铵盐、酸、甘油和硫代硫酸钠，加热至 150℃时失去 $1.5H_2O$ 而成半水物(熟石膏)，继续加热至 163℃失去全部结晶水变成无水物，无毒。它可用作密封胶的填充剂或用于配制无机胶黏剂。$CaSO_4 \cdot 2H_2O$ 的质量分数≥95.0%，结晶水≥19.88%，拉伸强度(1.5h)≥0.69MPa。

(2) 砂子。

试验中所选用的砂子为干净的河砂，清洗晾干后用筛子进行筛选。

6.4.2.2　配比试验方案设计

1) 试验方法的选择

试验是科学研究的重要手段，科学的试验可以准确有效地帮助我们发现事物的规律。试验设计的方法有很多，有单因素试验、双因素试验、最优试验设计、正交试验(orthogonal experimental design)和均匀试验等，目前应用较为广泛的是正交试验和均匀试验这两种方法[207-209]。

本次配比试验采用正交试验设计的方法。正交试验设计是第二次世界大战以后，日本的统计学家田口玄一(Taguchi G)创立的，它是研究多因素、多水平的一种高效率、快速、经济的设计方法，它根据正交性的准则从全面试验中挑选出部分有代表性的点进行试验，使得这些点具备了"均匀分散""整齐可比"的特点。近年来，正交试验设计在各行各业的研究中已经得到广泛应用，尤其在材料的配比研制过程中，正交试验设计更是得到了多数人的青睐。

2) 试验方案

本次相似材料配比试验研究选用的材料为：粉煤灰、石膏和砂子。考虑到用于模拟试验中相似材料的抗压强度一般较低，因此主要对较大胶结物比例和砂胶比的相似材料进行配比试验研究。试验依据二因素四水平正交表进行设计，以导出砂胶比、胶结物比例研究相似材料力学性质的影响，以便通过对配比进行小范围调整，准确选择低强度相似材料，见表 6.19。

表 6.19　相似材料正交设计水平

水平	因素	
	砂胶比(A)	胶结物比例(粉煤灰：石膏)(B)
1	6∶1	8∶2
2	7∶1	7∶3
3	8∶1	6∶4
4	9∶1	5∶5

正交试验设计了 16 组配比方案(表 6.20)来研究砂胶比和胶结物比例对相似材料力学性质的影响。

表 6.20　正交试验方案

方案	因素		配比号
	砂浆比(A)	胶结物比例(粉煤灰：石膏)(B)	
1	A1	B1	682
2	A1	B2	673
3	A1	B3	664
4	A1	B4	655
5	A2	B1	782
6	A2	B2	773
7	A2	B3	764
8	A2	B4	755
9	A3	B1	882
10	A3	B2	873
11	A3	B3	864
12	A3	B4	855
13	A4	B1	982
14	A4	B2	973
15	A4	B3	964
16	A4	B4	955

3)试件的制作

试验所制作的试件为 Φ50mm×100mm 的圆柱形标准试件，选择的模具为 Φ50mm×100mm 的塑料管，如图 6.37 所示。将按要求配好的骨料、胶结材料用水泥净浆搅拌机搅拌均匀，再加入规定量的水继续搅拌。将搅拌均匀的混合料放入模具捣实，正在搅拌的 NJ-160 双转双速水泥净浆搅拌机如图 6.38 所示。脱模后即制成标准试件，制作成的标准试件如图 6.39 所示。

图 6.37　试件制作模具

图 6.38　NJ-160 双转双速水泥净浆搅拌机

图 6.39　制作成的标准试件

6.4.2.3　相似材料试验结果分析

1) 相似材料单轴压缩试验结果

对 16 组配比方案的试件利用岛津 AG-X250 电子万能试验机进行单轴压缩试验，得出不同配比下相似材料的单轴抗压强度和弹性模量等力学参数，试验结果见表 6.21。试验破坏后部分典型的相似材料试件如图 6.40 所示。

表 6.21　相似材料单轴压缩试验结果

试件编号	直径/mm	高度/mm	配比号	质量浓度/%	单轴抗压强度/kPa	弹性模量/kPa
P11	46.58	102.32	682	80	51.93	1110.083
P12	46.16	101.16	673	80	58.388	1754.256
P13	46.82	103.48	664	80	78.818	3401.377
P14	46.64	102.70	655	80	100.407	4008.291
P21	46.38	100.52	782	80	44.10	961.323

续表

试件编号	直径/mm	高度/mm	配比号	质量浓度/%	单轴抗压强度/kPa	弹性模量/kPa
P22	46.18	102.02	773	80	52.478	1698.07
P23	46.58	103.04	764	80	64.009	2629.804
P24	46.22	102.38	755	80	88.60	3862.366
P31	46.46	101.22	882	80	37.667	830.82
P32	46.64	102.66	873	80	43.958	1548.728
P33	46.52	102.42	864	80	53.935	2252.316
P34	46.50	102.48	855	80	72.092	3480.833
P41	46.58	101.54	982	80	28.542	813.918
P42	46.56	102.86	973	80	38.673	1311.437
P43	46.76	102.72	964	80	48.199	2133.269
P44	46.28	100.26	955	80	58.487	2941.296

图 6.40　试验破坏后部分典型的相似材料试件

通过对试验总体结果进行分析，发现相似材料的单轴抗压强度分布在 28.542～100.407kPa，弹性模量分布在 813.918～4008.291kPa，相似材料的试验结果基本可以覆盖大部分岩体材料模型试验对相似材料的要求范围。同时，可以根据某一模型试验对相似材料力学参数的要求，从正交试验结果中选择满足或近似满足相似要求的材料配比。

砂胶比一定时，不同胶结物比例情况下相似材料的全应力-应变曲线如图 6.41～图 6.44 所示。胶结物比例一定时，不同砂胶比情况下相似材料的全应力-应变曲线如图 6.45～图 6.48 所示。

2) 砂胶比和胶结物比例对材料力学性质的影响

砂胶比和胶结物比例变化时，材料强度的变化趋势如图 6.49 和图 6.50 所示。从图中可以看出，单轴压缩强度随着砂胶比和胶结物比例的增加都呈现明显的减

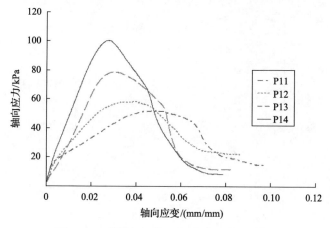

图 6.41　砂胶比为 6:1 的全应力-应变曲线

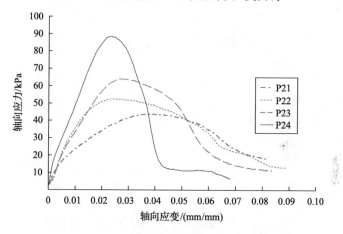

图 6.42　砂胶比为 7:1 的全应力-应变曲线

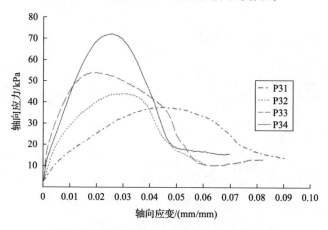

图 6.43　砂胶比为 8:1 的全应力-应变曲线

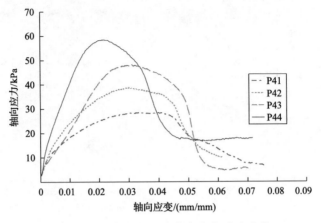

图 6.44　砂胶比为 9∶1 的全应力-应变曲线

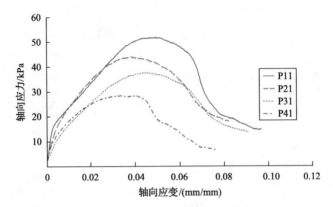

图 6.45　胶结物比例为 8∶2 的全应力-应变曲线

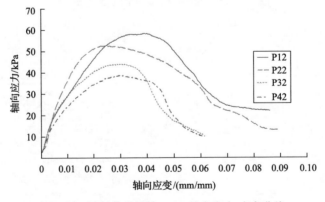

图 6.46　胶结物比例为 7∶3 的全应力-应变曲线

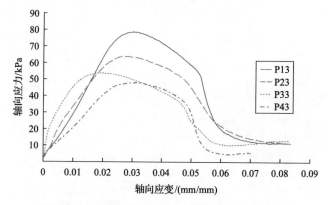

图 6.47　胶结物比例为 6：4 的全应力-应变曲线

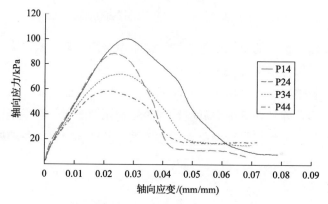

图 6.48　胶结物比例为 5：5 的全应力-应变曲线

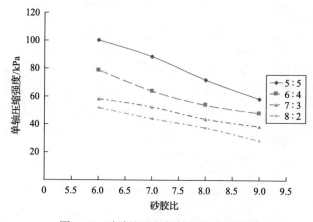

图 6.49　砂胶比对相似材料强度的影响

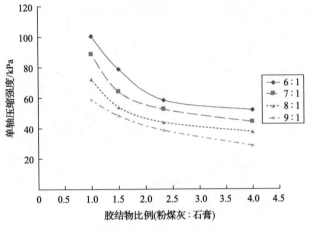

图 6.50　胶结物比例对相似材料强度的影响

小趋势,砂胶比与材料的单轴压缩强度近似呈现线性关系,胶结物比例与材料的单轴压缩强度近似呈现乘幂关系。

砂胶比和胶结物比例变化时,弹性模量的变化趋势如图 6.51 和图 6.52 所示。从图中可以看出,弹性模量随着砂胶比和胶结物比例的增加都呈现明显的减小趋势,砂胶比与材料弹性模量近似呈现线性关系,胶结物比例与材料的弹性模量近似呈现乘幂关系。

3) 各因素敏感度分析

为了更直观地分析各因素对相似材料抗压强度和弹性模量的影响,根据表 6.22

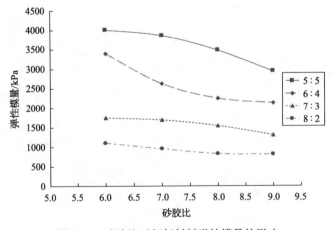

图 6.51　砂胶比对相似材料弹性模量的影响

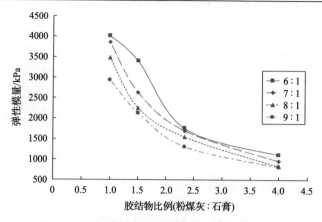

图 6.52　胶结物比例对相似材料弹性模量的影响

表 6.22　极差分析

	抗压强度			弹性模量	
水平	砂胶比(A)	胶结物比例(B)	水平	砂胶比(A)	胶结物比例(B)
1	72.386	40.560	1	2568.502	929.036
2	62.297	48.374	2	2287.891	1578.123
3	51.913	61.240	3	2028.174	2604.192
4	43.475	79.897	4	1799.980	3573.197
极差	28.911	39.337	极差	768.522	2644.161

可做出各因素对抗压强度和弹性模量影响的直观分析图,如图 6.53 和图 6.54 所示。从图中可以看出,试件的抗压强度和弹性模量随着砂胶比和胶结物比例的增加都呈现明显的减小趋势。

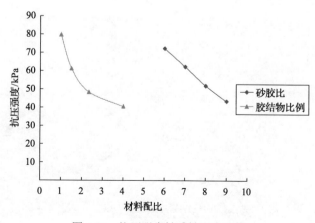

图 6.53　抗压强度敏感性因素分析

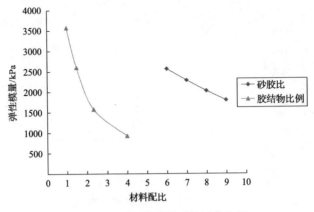

图 6.54　弹性模量敏感性因素分析

6.4.3　充填法开采导水裂隙发育特征数值模拟

　　充填法开采过程中，充填体占据了覆岩的变形空间，相当于降低了煤层的开采厚度，因此，用等价采高理论来研究充填法开采导水裂隙带高度发育特征。

$$H_o = h_1 + (h - h_1 - h_2)\varepsilon \tag{6.12}$$

式中，H_o 为充填法开采等价采高；h 为煤层采厚；h_1 为充填前顶板下沉量；h_2 为充填体接顶量；ε 为充填体压实后的应变量。

　　以易于发生涌水溃砂灾害的地层为原型，对不同充实率下裂隙发育高度进行数值模拟研究。建立与 6.3.1 节中条带法开采导水裂隙发育特征研究相同的数值模型。模拟试验方案如下：固定采高为 6m，工作面宽为 200m，对充实率分别为 17%、33%、50%、67% 和 83% 时的导水裂隙发育特征进行研究。充实率分别为 17%、33%、50%、67% 和 83% 时，对应的等价采高分别为 5m、4m、3m、2m 和 1m。不同充实率情况下导水裂隙带的发育特征如图 6.55 所示。

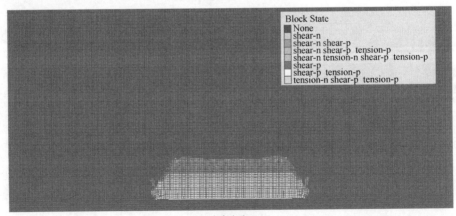

(a) 充实率为17%

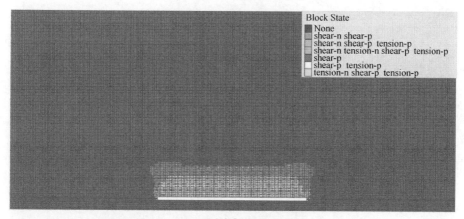

(b) 充实率为33%

(c) 充实率为50%

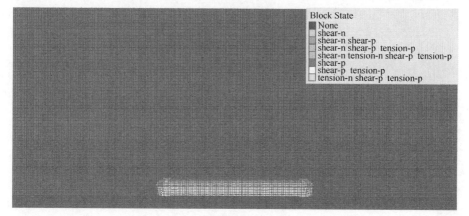

(d) 充实率为67%

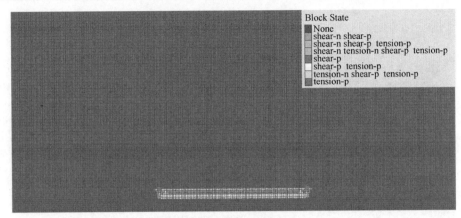

(e) 充实率为83%

图 6.55　不同充实率情况下导水裂隙带的发育高度

通过数值模拟试验可以发现，充实率分别为 17%、33%、50%、67%和 83% 时导水裂隙发育高度分别为 56m、48m、34m、22m 和 14m，二者之间呈现线性关系，关系表达式为 $y = 67.96 - 66.3x$，拟合度为 0.991，如图 6.56 所示。在采高和工作面宽度一定的条件下，随着充实率的增加，导水裂隙带发育高度有着明显降低的趋势，导水裂隙带发育高度和充实率变化曲线近似为直线，呈单调递减状态且降低幅度基本是均匀的。充填法开采能有效抑制覆岩变形破坏，减小导水裂隙带发育扩展的高度，进而避免了采动裂隙波及含水砂层，对涌水溃砂灾害的发生起到了预防作用。但充填法开采同样也具有采煤成本高、效率低、工艺复杂的缺点，限制了充填法开采在防治涌水溃砂灾害方面的推广应用。

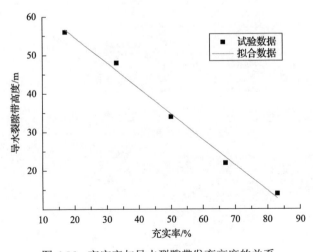

图 6.56　充实率与导水裂隙带发育高度的关系

6.4.4　充填法开采顶板结构稳定性分析

　　将条带法开采稳定后的物理模型进行充填置换开采，置换开采后的物理模型如图 6.57 所示。煤层采出后，采空区周围原有的应力平衡状态遭到破坏，引起应力的重新分布，同时使得上覆岩层产生变形、移动甚至破坏。对于常规未充填的采场而言，煤层开采最终会导致采场上覆岩层的破坏、垮落，覆岩由下至上分为垮落带、断裂带和弯曲下沉带。充填开采后，尽管充填工作面两侧为已经采空的条带法开采工作面，但是充填体仍能有效地限制覆岩形变的进一步发展。充填采场上覆岩层主要存在裂缝、离层和弯曲下沉，不存在垮落带，如图 6.58 所示。

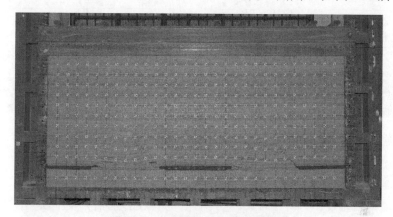

图 6.57　充填法开采后的物理模型

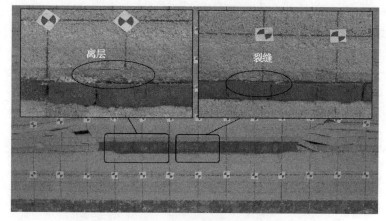

图 6.58　充填法开采后的物理模型局部放大图

6.4.4.1　充填法开采顶板运动特征分析

工作面周期来压过程中，充填工作面的上覆岩层主要由煤壁和充填体支承，支架只起临时支承和辅助支承的作用。未充填时，支架对基本顶起临时支承作用；充填完成后，顶板主要作用于充填体和前方煤壁上，支架只起辅助支承的作用。

　　对于充填法开采工作面，顶板的开裂，不仅是其自身重力的结果，更是上覆岩层重力对其加载的结果。开裂岩层后端受到的充填体支承力小于煤壁支承力，为类似悬臂梁。沿工作面推进方向可将力学问题简化为平面应变问题。基本顶上部载荷可简化为铅直均布力 q，如图 6.59 所示。

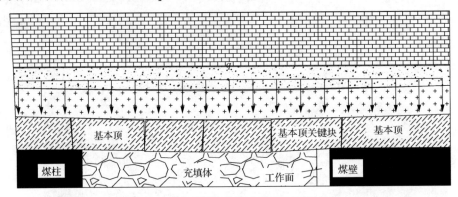

图 6.59　基本顶铅直均布力作用下覆岩结构

6.4.4.2　充填法开采基本顶关键块力学模型

　　取基本顶岩梁作为研究对象，鉴于基本顶在工作面前方发生断裂，以煤壁为支点，整个岩梁可以绕其转动，因此取右边界为铰支；由于发生开裂而受到左侧相邻岩梁挤压作用，因此取水平方向的滚轴支座为左端边界；对于岩梁下部的充填体，由于它本身具有的压缩特性和时间相关特性，基本顶岩梁下部受到的充填体的支承作用力可以用黏性弹簧来代替；岩梁所受的覆岩作用力可以等效为一个均布压力，如图 6.60 所示[210,211]。

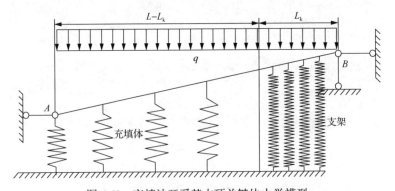

图 6.60　充填法开采基本顶关键块力学模型

A、B-岩梁的端部；q-上覆岩层作用的压力；L_k-控顶距；L-基本顶关键块的长度

上覆岩层作用的压力可以记作 $q = \gamma h$，其中 γ 为基本顶上覆岩层的平均容重，kg/m^3；h 为上覆岩层的厚度，m。右端铰支处受力记作 F_{Bx}、F_{By}；左端的滚轴约束作用记作 F_{Ax}；由水平挤压作用而产生的垂向摩擦力记作 F_{Ay}；充填体对关键岩块的支承作用力记作 $q(x)$。由于工作面液压支架的存在，$q(x)$ 作用范围为 $L - L_k$，如图 6.61 所示。

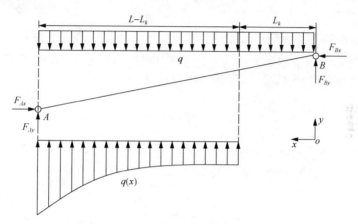

图 6.61　充填法开采基本顶关键块力学分析

6.4.4.3　基本顶关键块力学分析

采空区内充填体的受力状态不是单向的，而是三向的，充填体的变形特征随着充填材料的不同而不同。

若充填材料为膏体，充填体在压缩过程中的应变量 ε 与所受到的应力 σ 之间并非是线性关系，而是呈一个对数函数，即

$$\sigma = a\ln(\varepsilon) + b \tag{6.13}$$

$$\varepsilon = e^{\frac{\sigma - b}{a}} \tag{6.14}$$

式中，a、b 为充填膏体应力-应变特性相关系数，与充填膏体所处的三向受力状态有关，MPa；σ 为充填膏体所受的应力，MPa；ε 为充填膏体的应变量。

若充填材料为矸石，充填体在压缩过程中的应变量 ε 与所受到的应力 σ 之间也并非是线性关系，而是呈一个指数函数，即

$$\sigma = a + b\varepsilon^c \tag{6.15}$$

$$\varepsilon = \left(\frac{\sigma - a}{b}\right)^{\frac{1}{c}} \tag{6.16}$$

式中，a、b、c 为充填矸石应力-应变特性相关系数，与充填矸石所处的三向受力状态有关，MPa；σ 为充填矸石所受的应力，MPa；ε 为充填矸石的应变量。

$$\sigma = q = \gamma h \tag{6.17}$$

$$\Delta = \varepsilon \times h_充 = \mathrm{e}^{\frac{\sigma-b}{a}} \times h_充 \tag{6.18}$$

式中，Δ 为基本顶的下沉量，mm；$h_充$ 为充填高度，mm；e 为数学常数，e≈2.71828。

鉴于图 6.60 所示岩梁的末端 A 处于压实状态，而该处充填体经历了从初始充填状态到最终稳定状态，因而发生的沉降量 Δ_A 为

$$\Delta_A = h_充 \times c_\mathrm{o} \tag{6.19}$$

式中，c_o 为充填体的压缩率，%。

因而整个岩梁发生的沉降关系为

$$\Delta(x) = \frac{\Delta_A}{L} x \tag{6.20}$$

式中，$\Delta(x)$ 为整个梁的沉降量，mm；L 为基本顶关键岩块的长度，m。

因此，岩梁上所受的支承力可以记为

$$q(x) = \sigma(x) = a\ln\left[\Delta(x)\right] + b = a\ln\left(\frac{\Delta_A}{L}x\right) + b \tag{6.21}$$

根据支架的平衡关系：

$$\left. \begin{cases} \sum F_x = F_{Ax} - F_{Bx} = 0 \\ \sum F_y = F_{Ay} + F_{By} + \int_{L_k}^{L} q(x)\mathrm{d}x - qL \\ \sum M_A = F_{Bx} \times \Delta_A + F_{By} \times L + \int_{L_k}^{L} (L-x)q(x)\mathrm{d}x - \frac{qL^2}{2} = 0 \end{cases} \right\} \tag{6.22}$$

如图 6.61 所示，岩梁左端水平推力 F_{Ax} 及 A 处摩擦力 F_{Ay} 的关系为

$$F_{Ay} = fF_{Ax} \tag{6.23}$$

式中，f 为岩块之间的摩擦因数，一般可取 0.3。

$$F_{By} = \frac{1}{\Delta_A - fL} \times \left[f \times \int_{L_k}^{L} (L-x)q(x)\mathrm{d}x - \Delta_A \times \int_{L_k}^{L} q(x)\mathrm{d}x + \Delta_A qL - \frac{1}{2}qL^2 f \right] \quad (6.24)$$

由此可以得到充填法开采时支架的支护强度：

$$P_{\mathrm{c}} = \frac{F_{By}}{S} = \frac{1}{S(\Delta_A - fL)} \times \left[f \times \int_{L_k}^{L} (L-x)q(x)\mathrm{d}x - \Delta_A \times \int_{L_k}^{L} q(x)\mathrm{d}x + \Delta_A qL - \frac{1}{2}qL^2 f \right]$$

$$(6.25)$$

式中，P_{c} 为充填法开采时支架的支护强度，kPa。

6.5　疏水降压防治涌水溃砂灾害

如果煤层开采过程中不考虑对地表沉陷的控制和水资源的保护，也可以选用疏水降压，即用减小动水压力的方法来防止煤矿涌水溃砂灾害的发生，即将松散含水砂层中的水压降至安全水头以下后，采用长壁垮落法对煤层进行开采。

6.5.1　疏水降压技术条件

在制定对含水层进行疏水降压方案之前，必须对实施疏水降压开采的技术可行性和经济合理性进行充分研究[212,213]。

(1)查明含水层和粉细砂层的埋藏分布规律和成因类型、含水层的颗粒级配、富水性、水理性质、渗透系数、贮(释)水系数、给水度、地下水水位和水质动态等，编绘地下水水位和基岩顶面等值线图。

(2)查明含水层的水文地质边界条件。含水层边界的导水性分类见表 6.23，但值得注意的是，含水层边界的导水性也会在采动影响下发生转化。只有含水性不十分丰富，以静储量为主，且其封闭类型又是相对封闭或者半封闭时才适合选用疏水降压。含水层的封闭类型见表 6.24。

表 6.23　含水层边界的导水性分类

类型	边界的导水性	同一种类型的不同边界形式
I	不导水性边界	①与不导水的断层接触，而另一盘为不导水岩层 ②与冲积层中稳定而均匀分布的隔水黏土层接触
II	弱导水或半导水性边界	①与弱导水断层接触，或通过断层与另一弱含水层接触 ②与冲积层中的弱含水层直接接触，或通过弱导水性的基岩强风化带与冲积层含水层接触
III	导水边界	①与导水断层接触，或通过断层与另一强含水层接触 ②与冲积层中的强含水层直接接触 ③露头直接为地表水(河流、水库等)所覆盖

表 6.24　含水层的封闭类型

类型	含水层的封闭情况	边界条件	是否适宜疏水降压开采
I	封闭型	含水层的周边均为不导水边界,为独立的水文地质单元	适用于疏水降压开采,边界可不用再处理
II	半封闭型	含水层的周边均为不导水边界或弱导水边界,局部也可能为有限导水边界	当补给量较小时,可不用处理边界,即可实施疏水降压开采;当补给量较大时,须先对导水边界进行注浆封堵拦截,制造人工隔离边界,或把补给量控制在允许范围内才可实施疏水降压开采
III	张开型 1	含水层边界完全或大部分为导水边界	补给量太大,边界难以处理,不宜采用疏水降压开采
	张开型 2	大部分为不导水或者弱导水边界,其中部分为导水边界	须经可靠论证、比较才可对边界进行注浆处理,若处理得好则可以实施疏水降压开采,若处理效果达不到要求,则不宜实施疏水降压开采

6.5.2　疏水降压方式

疏水降压方式按照其进行时间可以分为预先疏降、并行疏降和联合疏降 3 种。

(1)预先疏降指在煤矿井下巷道开拓之前,在地面钻孔中用潜水泵预先疏降充水含水层的水位或水压的疏降方式。采用预先疏降方式具有建设速度快、投资和经营费用低、安全可靠程度高和水质好等优点。

(2)并行疏降指在矿井开拓或开采过程中对地下水水量和水位进行疏降的方式。常用的方法有巷道疏降和井下钻孔疏降。

(3)联合疏降指预先疏降和并行疏降两种方式结合的疏降方式。处于经济上的原因和安全上的考虑,当单纯的井下疏降不能满足矿井安全生产的需求时,应考虑采用井上下配合的方式。因此,联合疏降方式适用于水文地质条件复杂的矿井。

6.5.3　疏水降压工程

疏水降压工程可分为排水工程、排水设施安装工程和疏(放)水工程 3 项。

1)排水工程

排水工程为巷道工程,多选择岩石巷道,个别为煤巷。

2)排水设施安装工程

根据疏(放)水量的要求确定排水设施,包括水泵、电机、管道、监测装置、通信设施等。

3)疏(放)水工程

(1)根据疏水降压工程设计所确定的钻孔设计位置、钻孔预透含水层位置等要求,编制详细的疏(放)水钻孔设计。设计内容包括:钻孔数目、钻孔方位、预计深度、钻孔结构、施工工艺及质量要求、安全技术措施等。疏(放)水钻孔每个钻窝设计 2~4 个钻孔,钻孔仰角为 5°~10°,同一钻窝的钻孔呈扇形布置,且不同钻窝的钻孔之间不得交叉。钻孔深度以达到富水层段为原则。

(2)确定疏(放)水钻孔的结构。考虑钻孔的用途和孔内岩层的具体特点,一般采用多层套管结构,以达到承压防渗漏、保护孔壁的要求。

(3)疏(放)水钻孔孔口管的固结。下孔口管时在所下的孔口管外壁缠麻,同时每隔 0.6m 用稍大直径小铁圈套在孔口管上,裹上水泥,往孔内推到预定位置,凝固 48h;用稍小钻头钻进至超孔深 0.2m;停止钻进,进行压水试验,试验时间为 10min,以不漏水为合格。

6.6 注浆防治涌水溃砂灾害

6.6.1 注浆位置

基于构建的采场覆岩垮裂力学模型,综合运用基于漏失量监测的采动覆岩导水裂隙分布探测和基于应力监测的采动覆岩导水裂隙带高度探测技术,即可确定采动覆岩裂隙分布特征。基岩厚度小于冒落带高度时,随着工作面的推进,冒落带极易发展至基岩层之上,导通上覆松散含水砂层,进而引发涌水溃砂事故;基岩厚度大于冒落带高度而小于裂隙带高度时,当工作面推进达到一定长度之后,采动裂隙会贯穿整个基岩层,导通上覆松散含水砂层,进而引发涌水溃砂事故。以上两种地质条件可被定义为薄基岩,此时注浆位置应选在上覆松散含水砂层中。注浆作用主要体现在两个方面:第一,对含水砂层进行切割包裹,起到阻隔含水层内部水力联系的作用,当冒落带或裂隙带发展至基岩层之上,导通上覆松散含水砂层时,虽然可能会发生涌水溃砂现象,但由于得不到充足的水力补给,一般不会酿成涌水溃砂灾害;第二,对松散含水砂层起到凝结作用,提高了松散含水砂层的整体强度,变相增加了顶板基岩厚度。

按照注浆孔开孔位置的不同,可以将其分为地面俯孔注浆和井下仰孔注浆,如图 6.62 所示。地面俯孔注浆的优点是钻孔施工操作空间大,钻孔穿越区地层较松软,施工进度较为迅速,且不必考虑施工过程中设备的防爆问题,设备可选择性大大提高;缺点是注浆施工易受地面附着物影响,注浆孔整体位于表土层和松散层中,需要整段钻孔下护壁套管,工程量和材料用量随着注浆钻深度的增加而增加。井下仰孔注浆的优点是注浆孔大部分位于岩石层中,只需要在孔口附近下一小段护壁套管即可,工程量和材料用量相对较少;缺点是钻孔施工操作空间受到限制,施工环境较为恶劣,施工过程中选用的机械必须具备防爆功能,设备可选择性大大降低,钻孔穿越区地层较坚硬,施工进度较为缓慢。地面俯孔注浆适用于整体基岩较薄,表土层和松散层较薄,面临涌水溃砂威胁的整个工作面或采区;井下仰孔注浆适用于因基岩厚度变化较大引起的局部涌水溃砂灾害的防治。

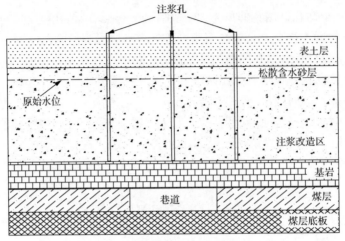

(a) 地面俯孔注浆示意图

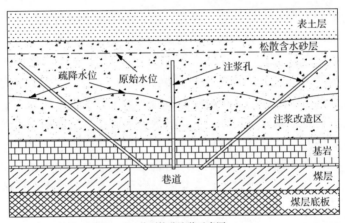

(b) 井下仰孔注浆示意图

图 6.62　注浆示意图

6.6.2　松散含水砂层注浆浆液扩散形式

1) 渗透型扩散

松散含水砂层的骨架不会因为浆液扩散作用而发生改变，浆液沿着含水砂层的原始导水通道进行扩散。

2) 劈裂型扩散

带压浆液劈开松散含水砂层，并使得劈裂通道不断扩展，浆液在劈裂通道内由注浆孔不断向起劈位置运移，如图 6.63 所示。

3)压密型扩散

浆液从注浆孔进入松散含水砂层后在注浆孔周围不断积聚,压密注浆孔附近的砂层,进而提升松散含水砂层的力学性能,如图 6.64 所示。

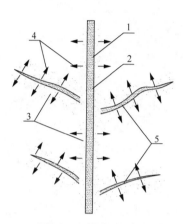

图 6.63　劈裂型扩散
1-浆液；2-注浆孔；3-渗透渗入的浆液(通过劈裂面和注浆孔边缘)；4-浆液挤压作用；5-劈裂面

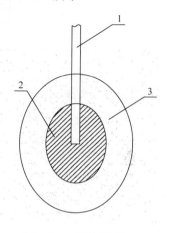

图 6.64　压密型扩散
1-注浆管；2-球状浆泡；3-压密带

4)压密-劈裂型扩散

劈裂注浆过程中随时伴随着劈裂通道两侧砂层的压密,通过对劈裂通道两侧砂层的压密,提升通道两侧被压密砂层的力学性能。

6.6.3　注浆系统

以煤矿常用的井下仰孔注浆为例进行说明,注浆系统主要包括浆液制备、浆液运输和浆液灌注 3 部分。

1)浆液制备

浆液制备部分的基本设施主要包括搅拌机和搅拌池,另外还配有水泵房、沉淀池和过滤池等附属设施。考虑到作为主要注浆材料之一的粉煤灰的运输问题,一般在煤矿电厂储灰仓内设有取料机,将粉煤灰湿化后,经由管路运送至电厂渣浆泵房灰池,再利用渣浆泵将灰水通过管路输送至注浆站,通过沉淀池将粉煤灰沉淀备用,利用清水泵将过滤后的清水送回电厂重复利用。当要进行注浆时,用高压水将粉煤灰冲至搅拌池中,调整使其达到需要的水灰比,一般为 1∶1。粉煤灰浆液制备流程如图 6.65 所示。

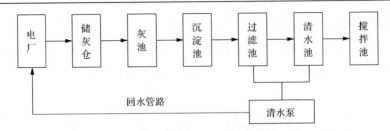

图 6.65　粉煤灰浆液制备流程

最终浆液的制备采用二级制浆模式。第一级：水泥(粉煤灰)与水按一定比例(一般为 1∶1，应根据具体情况进行调整)经搅拌池制得纯水泥浆(纯粉煤灰浆液)。第二级：利用搅拌池将制取的纯水泥浆和纯粉煤灰浆按一定比例(应根据具体情况进行调整)混合均匀，同时根据具体需要添加适量的水玻璃，用以调节浆液凝结时间。具体流程如图 6.66 所示。需要说明的是，添加剂的添加时机是保证注浆效果的关键因素之一。在实际应用过程中，添加剂的添加方式分为地面添加和井下移动添加两种方式，这是由注浆地点的远近及注浆条件的不同所决定的。此外，由于注浆条件、粉煤灰质量及注浆地点的不同，在水灰比的选择和添加方式、添加数量方面也要根据实际情况进行科学调整。

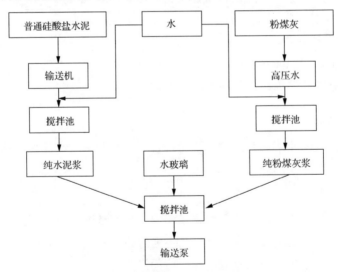

图 6.66　水泥+粉煤灰浆液制备流程

根据注浆范围和用量，注浆站可分为两种类型：

(1)集中注浆站。在地面工业场地主要风井煤柱内设集中注浆站，为整个矿井或一翼服务。

(2)分散注浆站。地面沿煤层走向布设钻孔网，并设多个注浆站，为一个区域或一个分区服务。

2) 浆液运输

浆液运输主管道一般采用直径为 108～159mm 的无缝钢管, 经由风井、材料井或在电厂储灰仓附近开凿的专门钻孔, 将制备好的浆液从地面输送至井下。待浆液到达井下后, 可用直径为 108mm 或 70mm 的无缝钢管作为支管道将浆液输送至注浆地点。然后根据实际情况, 采用更细的钢管或高压软管进行注浆。

管道的布置方式有 "L" 形和 "阶梯形" 两种。"L" 形布置的注浆管道的优点是能量集中, 能充分利用自然压头, 使管道具有较大的注浆能力, 且在安装、维护和管理等方面都较简单; 缺点是随着井深的增加, 浆液压头也随之增大, 斜管与平管相接触处压力最大, 当其压力接近或超过管路抗压强度时, 就会发生崩管事故。"L" 形布置方式适用于浅部注浆管路, 深井条件下, 宜采用 "阶梯形" 布置方式。

3) 浆液灌注

浆液灌注时遵循先稀后浓, 逐级变化的原则。在浆液初凝前, 将止浆塞塞至注浆孔内, 利用注浆泵向封闭钻孔内注入带压浆液, 促使浆液较均匀扩散, 直至达到终孔标准后, 停止注浆。

6.6.4　注浆孔施工工艺

以煤矿常用的井下仰孔注浆为例进行说明, 注浆孔施工工艺包含以下几个步骤:

(1) 钻机位置和角度调整。将施工钻机安置在钻孔处, 并根据设计要求, 调整钻孔开孔方位和角度。

(2) 孔口套管固管。注浆孔的结构包含两部分, 分别是有套管部分和套管之外的裸孔部分。注浆孔开孔达到套管设计深度后, 将套管下入孔内, 并与注浆管路相连接; 采用注浆泵将固管用的速凝浆液注入套管内, 待注浆压力达到设计压力后, 关闭注浆阀门; 待浆液凝固后, 进行压水试验, 试验持续时间一般为 30min, 达到要求后再继续钻进。孔口套管固管工艺如图 6.67 所示。

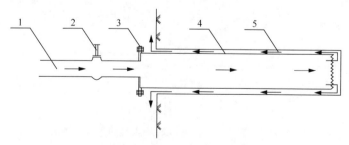

图 6.67　孔口套管固管工艺

1-注浆管道; 2-阀门; 3-法兰盘; 4-孔口套管; 5-浆液流动方向

(3)钻孔疏放水。钻孔穿过基岩层进入砾石层时，应停止钻进并拔出钻杆，对砾石层进行疏放水。钻孔成孔顺序遵循仰角先大后小的原则，这是由于钻孔仰角大，孔深小，成孔快，施工难度小，且砾石层水头高度大，疏放效果好。经过前期仰角大的钻孔的疏放水，水压会有所降低，有利于孔深大且施工难度大的小仰角钻孔施工。

(4)封孔注浆。待疏水降落漏斗形成，水头高度降至安全水头高度以下时，用钻杆将止浆塞安放在孔底，对砾石层进行注浆，待相邻孔有浆液流出时停止注浆。对砾石层注浆，使其固结形成整体，充填采动裂隙，对涌水溃砂起到一定的抑制作用。待浆液固结且具有一定强度后，继续钻进使注浆孔透过砾石层进入松散砂层内的设计深度，进行松散含水砂层注浆固结。

6.6.5　注浆参数的确定

无论是地面俯孔注浆还是井下仰孔注浆，在正式打钻注浆施工之前，都要进行注浆试验，以确定注浆参数。注浆试验的注浆孔一般是按照梅花形布设的，通常布设 1 个注浆孔 ZJK，围绕注浆孔分别在 4m、6m 和 8m 的圆周上均匀布设 3 个观测孔 GCK，对注浆浆液扩散半径、注浆材料浓度、注浆压力、注浆结束标准等参数进行实测研究，并根据实际情况优化调整注浆参数，使其更加符合现场实际需要。注浆试验注浆孔和观测孔的布设位置如图 6.68 所示。

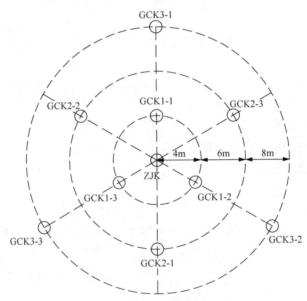

图 6.68　注浆试验注浆孔和观测孔的布设位置图

参 考 文 献

[1] 钱鸣高, 石平五. 矿山压力与岩层控制[M]. 徐州: 中国矿业大学出版社, 2010

[2] 宋振骐. 实用矿山压力控制[M]. 徐州: 中国矿业大学出版社, 1989

[3] 钱鸣高, 缪协兴, 何富连. 采场砌体梁结构的关键块分析[J]. 煤炭学报, 1994, 19(6): 557-563

[4] 侯忠杰. 老顶断裂岩块回转端角接触面尺寸[J]. 矿山压力与顶板管理, 1999, (Z1): 29-31

[5] 侯忠杰. 采场老顶断裂岩块失稳类型判断曲线讨论[J]. 矿山压力与顶板管理, 2002, (2): 1-3

[6] 黄庆享, 钱鸣高, 石平五. 浅埋煤层采场老顶周期来压的结构分析[J]. 煤炭学报, 1999, 24(6): 581-585

[7] 黄庆享, 石平五, 钱鸣高. 老顶岩块端角摩擦系数和挤压系数实验研究[J]. 岩土力学, 2000, 21(1): 60-63

[8] 方新秋, 黄汉富, 金桃, 等. 厚表土薄基岩层开采覆岩运动规律[J]. 岩石力学与工程学报, 2008, 27(s1): 2700-2706

[9] 张永波, 崔海英. 老采空区覆岩失稳"活化"机理的实验研究[J]. 工程地质学报, 2007, 15(s): 208-212

[10] 钱鸣高, 缪协兴, 许家林. 岩层控制中的关键层理论研究[J]. 煤炭学报, 1996, 21(3): 225-230

[11] 许家林, 钱鸣高. 覆岩关键层位置的判断方法[J]. 中国矿业大学学报, 2000, 30(5): 463-467

[12] 许家林, 钱鸣高. 关键层运动对覆岩及地表移动影响的研究[J]. 煤炭学报, 2000, 25(2): 122-126

[13] 茅献彪, 缪协兴, 钱鸣高. 采动覆岩中关键层的破断规律研究[J]. 中国矿业大学学报, 1997, 27(1): 39-42

[14] 钱鸣高, 茅献彪, 缪协兴. 采场覆岩中关键层上载荷的变化规律[J]. 煤炭学报, 1998, 23(2): 135-150

[15] 侯忠杰. 浅埋煤层关键层研究[J]. 煤炭学报, 1999, 24(4): 359-363

[16] 余学义, 黄森林. 浅埋煤层覆岩切落裂缝破坏及控制方法分析[J]. 煤田地质与勘探, 2006, 34(6): 18-21

[17] 弓培林, 靳钟铭. 大采高采场覆岩结构特征及运动规律研究[J]. 煤炭学报, 2004, 29(1): 7-11

[18] 陈忠辉, 冯竞竞, 肖彩彩, 等. 浅埋深厚煤层综放开采顶板断裂力学模型[J]. 煤炭学报, 2007, 32(5): 449-452

[19] 许家林, 朱卫兵, 王晓振, 等. 浅埋煤层覆岩关键层结构分类[J]. 煤炭学报, 2009, 34(7): 865-870

[20] Jiang F X, Jiang G A. Theory and technology for hard roof control of longwall face in Chinese collieries[J]. Journal of Coal Science & Engineering, 1998, 4(2): 1-6

[21] 姜福兴. 岩层质量指数及其应用[J]. 岩石力学与工程学报, 1994, 13(3): 270-278

[22] 姜福兴. 采场顶板控制设计及其专家系统[M]. 徐州: 中国矿业大学出版社, 1995

[23] 邓广哲. 放顶煤采场上覆岩层运动和破坏规律研究[J]. 矿山压力与顶板管理, 1994, (2): 23-26

[24] 闫少宏, 贾光胜, 刘贤龙. 放顶煤开采上覆岩层结构向高位转移机理分析[J]. 矿山压力与顶板管理, 1996, (3): 3-5

[25] 吴士良. 放顶煤采煤法覆岩运动规律初探[J]. 山东矿业学院学报, 1992, 11(3): 226-232

[26] 史红, 姜福兴. 充分采动阶段覆岩多层空间结构支承压力研究[J]. 煤炭学报, 2009, 34(5): 605-609

[27] 李新元, 陈培华. 浅埋深极松软顶板采场矿压显现规律研究[J]. 岩石力学与工程学报, 2004, 23(19): 3305-3309

[28] 杨宝贵, 王俊涛, 宋晓波, 等. 近浅埋厚煤层综放开采覆岩运移规律相似模拟研究[J]. 煤矿开采, 2012, 17(6): 75-78

[29] 柴敬. 浅埋煤层开采的大比例立体模拟研究[J]. 煤炭学报, 1998, 23(4): 391-395

[30] 武强, 安永会, 刘文岗, 等. 神府东胜矿区水土环境问题及其调控技术[J]. 煤田地质与勘探, 2005, 33(3): 54-58

[31] 魏秉亮. 神府矿区突水溃砂地质灾害研究[J]. 中国煤田地质, 1996, 8(2): 28-30

[32] 杨鹏, 冯武林. 神府东胜矿区浅埋煤层涌水溃沙灾害研究[J]. 煤炭科学技术, 2002, 30 (s): 65-69

[33] 符辉, 蔡先锋, 冯锐敏, 等. 含水松散层下厚煤层采掘溃砂危险性分析[J]. 煤矿安全, 2012, 43 (12): 207-210

[34] 杨滨滨, 郭伟鹏. 近松散含水层下煤层安全开采分区方法研究[J]. 煤炭科学技术, 2012, 40 (7): 96-98

[35] 范立民. 神府矿区矿井溃砂灾害防治技术研究[J]. 中国地质灾害与防治学报, 1996, 7 (4): 35-38

[36] 范立民, 马雄德. 浅埋煤层矿井突水溃砂灾害研究进展[J]. 煤炭科学技术, 2016, 44 (1): 8-12

[37] Yang W F, Xia X H, Zhao G R, et al. Overburden failure and the prevention of water and sand inrush during coal mining under thin bedrock[J]. Mining Science and Technology (China), 2011, 21 (5): 733-736

[38] 吴荣新, 张卫, 张平松. 并行电法监测工作面"垮落带"岩层动态变化[J]. 煤炭学报, 2012, 37 (4): 571-577

[39] 张平松, 刘盛东, 舒玉峰. 煤层开采覆岩破坏发育规律动态测试分析[J]. 煤炭学报, 2011, 36 (2): 217-222

[40] 于师建, 程久龙, 王玉和. 覆岩破坏视电阻率变化特征研究[J]. 煤炭学报, 1999, 24 (5): 457-460

[41] 文学宽. CT探测覆岩破坏高度的试验研究[J]. 煤炭学报, 1998, 23 (3): 300-304

[42] 张宏伟, 朱志洁, 霍利杰, 等. 特厚煤层综放开采覆岩破坏高度[J]. 煤炭学报, 2014, 39 (5): 816-821

[43] 高保彬, 刘云鹏, 潘家宇, 等. 水体下采煤中导水裂隙带高度的探测与分析[J]. 岩石力学与工程学报, 2014, 33 (s1): 3384-3390

[44] 陈荣华, 白海波, 冯梅梅. 综放面覆岩导水裂隙带高度的确定[J]. 采矿与安全工程学报, 2006, 23 (2): 220-223

[45] 桂和荣, 周庆富, 廖多荪, 等. 综放开采最大导水裂隙带高度的应力法预测[J]. 煤炭学报, 1997, 22 (4): 375-379

[46] 陈连军, 李天斌, 王刚, 等. 水下采煤覆岩裂隙扩展判断方法及其应用[J]. 煤炭学报, 2014, 39 (s2): 301-307

[47] 马立强, 张东升, 董正筑. 隔水层裂隙演变机理与过程研究[J]. 采矿与安全工程学报, 2011, 28 (3): 340-344

[48] 宁建国, 刘学生, 谭云亮, 等. 浅埋砂质泥岩顶板煤层保水开采评价方法研究[J]. 采矿与安全工程学报, 2015, 32 (5): 814-820

[49] 张文艺, 钟梅英. 巨厚松散层下综放开采"两带"高度探测[J]. 矿山压力与顶板管理, 2000, (3): 32-33

[50] 涂敏. 潘谢矿区采动岩体裂隙发育高度的研究[J]. 煤炭学报, 2004, 29 (6): 641-645

[51] 康永华, 唐子波, 王宗胜. 鲍店煤矿松散含水层下综放开采的研究与实践[J]. 煤矿开采, 2008, 13 (1): 34-36

[52] 常聚才, 陈贵, 许文松. 厚松散含水层薄基岩下厚煤层防水煤柱综放安全开采分析[J]. 水文地质工程地质, 2014, 41 (2): 134-137

[53] 李佩全, 白汉营, 马杰, 等. 厚松散层薄基岩综采面覆岩破坏高度发育规律[J]. 煤炭科学技术, 2012, 40 (1): 35-37

[54] 康永华, 王济忠, 孔凡铭, 等. 覆岩破坏的钻孔观测方法[J]. 煤炭科学技术, 2002, 30 (12): 26-28

[55] 高召宁, 应治中, 王辉. 薄基岩厚风积沙浅埋煤层覆岩变形破坏规律研究[J]. 矿业研究与开发, 2015, 35 (6): 77-81

[56] 宣以琼. 薄基岩浅埋煤层覆岩破坏移动演化规律研究[J]. 岩土力学, 2008, 29 (2): 512-516

[57] 吉育兵, 杨伟峰, 赵国荣. 煤层开采覆岩破坏与地表变形规律的数值模拟[J]. 煤炭技术, 2010, 29 (8): 61-62

[58] 徐平, 周跃进, 张敏霞, 等. 厚松散层薄基岩充填法开采覆岩裂隙发育分析[J]. 采矿与安全工程学报, 2015, 32 (4): 617-622

[59] 杜锋, 白海波. 厚松散层薄基岩综放开采覆岩破断机理研究[J]. 煤炭学报, 2012, 37 (7): 1105-1110

[60] 杜锋. 厚松散层薄基岩下综放开采留设防砂煤柱研究[D]. 淮南: 安徽理工大学, 2008

[61] 贾明魁. 薄基岩突水威胁煤层开采覆岩变形破坏演化规律研究[J]. 采矿与安全工程学报, 2012, 29 (2): 168-172

[62] 涂敏, 桂和荣, 李明好, 等. 厚松散层及超薄覆岩厚煤层防水煤柱开采试验研究[J]. 岩石力学与工程学报, 2004, 23 (20): 3494-3497

[63] 涂敏, 桂和荣, 李明好, 等. 厚松散层及超薄覆岩放顶煤开采冒裂高度模拟研究[J]. 矿山压力与顶板管理, 2002, (2): 92-96

[64] 张通, 袁亮, 赵毅鑫, 等. 薄基岩厚松散层深部采场裂隙带几何特征及矿压分布的工作面效应[J]. 煤炭学报, 2015, 40(10): 2260-2268

[65] 李振华. 薄基岩突水威胁煤层围岩破坏机理及应用研究[D]. 北京: 中国矿业大学(北京), 2010

[66] 李振华, 丁鑫品, 程志恒. 薄基岩煤层覆岩裂隙演化的分形特征研究[J]. 采矿与安全工程学报, 2010, 27(4): 576-580

[67] 孙云普, 王云飞, 郑晓娟. 基于遗传-支持向量机法的煤层顶板导水断裂带高度的分析[J]. 煤炭学报, 2009, 34(12): 1610-1615

[68] 胡小娟, 李文平, 曹丁涛, 等. 综采导水裂隙带多因素影响指标研究与高度预计[J]. 煤炭学报, 2012, 37(4): 613-620

[69] 杨国勇, 陈超, 高树林, 等. 基于层次分析-模糊聚类分析法的导水裂隙带发育高度研究[J]. 采矿与安全工程学报, 2015, 32(2): 206-212

[70] 柴辉婵, 李文平. 近风氧化带开采导水裂隙发育规律及机制分析[J]. 岩石力学与工程学报, 2014, 33(7): 1319-1328

[71] 薛东杰, 周宏伟, 任伟光, 等. 浅埋深薄基岩煤层组开采采动裂隙演化及台阶式切落形成机制[J]. 煤炭学报, 2015, 40(8): 1746-1752

[72] 贾后省, 马念杰, 赵希栋. 浅埋薄基岩采煤工作面上覆岩层纵向贯通裂隙"张开-闭合"规律[J]. 煤炭学报, 2015, 40 (12): 2787-2793

[73] 隋旺华, 梁艳坤, 张改玲, 等. 采掘中突水溃砂机理研究现状及展望[J]. 煤炭科学技术, 2011, 39(11): 5-9

[74] 许延春, 王伯生, 尤舜武. 近松散含水层溃砂机理及判据研究[J]. 西安科技大学学报, 2012, 32(1): 63-69

[75] 张玉军, 康永华, 刘秀娥. 松软砂岩含水层下煤矿开采溃砂预测[J]. 煤炭学报, 2006, 31(4): 429-432

[76] 张玉军. 铁北煤矿松软砂岩含水层下综放开采覆岩破坏及溃砂预测研究[D]. 北京: 煤炭科学研究总院, 2005

[77] 刘洋. 富水松散沙层下开采安全水头高度研究[J]. 煤矿开采, 2015, 20(3): 129-132

[78] 梁燕, 谭周地, 李广杰. 弱胶结砂层突水、涌砂模拟试验研究[J]. 西安公路交通大学学报, 1996, 16(1): 19-22

[79] 王世东, 沈显华, 牟平. 韩家湾煤矿浅埋煤层富水区下溃砂突水性预测[J]. 煤炭科学技术, 2009, 37 (1): 92-95

[80] 李建文. 薄基岩浅埋煤层开采突水溃砂致灾机理及防治技术研究[D]. 西安: 西安科技大学, 2013

[81] 张杰, 侯忠杰, 马砺. 浅埋煤层老顶岩块回转过程中的溃沙分析[J]. 西安科技大学学报, 2006, 26(2): 158-160

[82] 张杰, 侯忠杰. 浅埋煤层开采中的溃沙灾害研究[J]. 湖南科技大学学报(自然科学版), 2005, 20(3): 15-18

[83] 连会青, 夏向学, 冉伟, 等. 厚松散层薄基岩浅埋煤层突水溃砂的可能性分析[J]. 煤矿安全, 2015, 46(2): 168-171

[84] 梁世伟. 薄基岩浅埋煤层顶板突水机理的研究[J]. 矿业安全与环保, 2013, 40(3): 21-24

[85] 梁世伟. 浅埋煤层水岩耦合效应的覆岩破坏研究[D]. 淮南: 安徽理工大学, 2014

[86] 伍永平, 卢明师. 浅埋采场溃沙发生条件分析[J]. 矿山压力与顶板管理, 2004, (3): 57-61

[87] 卢明师. 浅埋采场涌水溃沙控制机理研究[D]. 西安: 西安科技大学, 2004

[88] 刘洋. 突水溃沙通道分区及发育高度研究[J]. 西安科技大学学报, 2015, 35(1): 72-77

[89] Zhang J C. Investigations of water inrushes from aquifers under coal seams[J]. International Journal of Rock Mechanics and Mining Sciences, 2005, 42(3): 350-360

[90] Wu J S, Cai J C, Zhao D Y, et al. An analysis of mine water inrush based on fractal and non-darcy seepage theory[J]. Fractals, 2014, 22(3): 1

[91] Chen L W, Zhang S L, Gui H R. Prevention of water and quicksand inrush during extracting contiguous coal seams under the lowermost aquifer in the unconsolidated Cenozoic alluvium—a case study[J]. Arabian Journal of Geosciences, 2014, 7(6): 2139-2149

[92] Li T, Mei T T, Sun X H, et al. A study on a water-inrush incident at Laohutai coalmine[J]. Arabian Journal of Geosciences, 2013, 59(5): 151-159

[93] Yao B H, Bai H B, Zhang B Y. Numerical simulation on the risk of roof water inrush in Wuyang Coal Mine[J]. International Journal of Mining Science and Technology, 2012, 22(2): 273-277

[94] Wang X Z, Xu J L, Zhu W B, et al. Roof pre-blasting to prevent support crushing and water inrush accidents[J]. International Journal of Mining Science and Technology, 2012, 22(3): 379-384

[95] Chen L W, Qin Y, Gui H R, et al. Analysis on probability of water inrush and quicksand in different mining sequences under an unconsolidated alluvium aquifer by fluid-solid coupling theory[J]. Journal of Coal Science and Engineering, 2012, 18(1): 60-66

[96] Peng L J, Yang X J, Sun X M. Analysis and control on anomaly water inrush in roof of fully-mechanized mining field[J]. Mining Science and Technology, 2011, 21(1): 89-92

[97] Zhang J C, Peng S P. Water inrush and environmental impact of shallow seam mining[J]. Environmental Geology, 2005, 48(8): 1068-1076

[98] Zhang H Q, He Y N, Tang C A, et al. Application of an improved flow-stress-damage model to the criticality assessment of water inrush in a mine: a case study[J]. Rock Mechanics and Rock Engineering, 2009, 42(6): 911-930

[99] Ding H D, Miao X X, Ju F, et al. Strata behavior investigation for high-intensity mining in the water-rich coal seam[J]. International Journal of Mining Science and Technology, 2014, 24(3): 299-304

[100] Zhang Y X, Tu S H, Bai Q S, et al. Overburden fracture evolution laws and water-controlling technologies in mining very thick coal seam under water-rich roof[J]. International Journal of Mining Science and Technology, 2013, 23(5): 693-700

[101] Miao X X, Cui X M, Wang J A, et al. The height of fractured water-conducting zone in undermined rock strata[J]. Engineering Geology, 2011, 120(1-4): 32-39

[102] Pu H, Miao X X, Yao B H, et al. Structural motion of water-resisting key strata lying on overburden[J]. Journal of China University of Mining and Technology, 2008, 18(3): 353-357

[103] 国家煤炭工业局. 建筑物、水体、铁路及主要井巷煤柱留设与压煤开采规程[M]. 北京: 煤炭工业出版社, 2000

[104] 国家安全生产监督管理总局, 国家煤矿安全监察局. 煤矿防治水规定[M]. 北京: 煤炭工业出版社, 2009

[105] 国家煤矿安全监察局. 煤矿防治水规定释义[M]. 徐州: 中国矿业大学出版社, 2009

[106] 刘天泉. 露头煤柱优化设计理论与技术[M]. 北京: 煤炭工业出版社, 1998

[107] 刘天泉. 厚松散含水层下近松散层的安全开采[J]. 煤炭科学技术, 1986, 13(2): 14-18

[108] 武强, 黄晓玲, 董东林, 等. 评价煤层顶板涌(突)水条件的"三图-双预测法"[J]. 煤炭学报, 2000, 25(1): 60-65

[109] Wu Q, Liu Y Z, Luo L H, et al. Quantitative evaluation and prediction of water inrush vulnerability from aquifers overlying coal seams in Donghuantuo Coal Mine, China[J]. Environmental Earth Sciences, 2015, 74(2): 1429-1437

[110] Wu Q, Liu Y, Zhou W, et al. Assessment of water inrush vulnerability from overlying aquifer using GIS-AHP-based "three maps-two predictions" method: a case study in Hulusu coal mine, China[J]. Quarterly Journal of Engineering Geology and Hydrogeology, 2015, 48(3): 234-243

[111] 许家林, 朱卫兵, 王晓振. 松散承压含水层下采煤突水机理与防治研究[J]. 采矿与安全工程学报, 2011, 28(3): 333-339

[112] 许家林, 陈加轩, 蒋坤. 松散承压含水层的载荷传递作用对关键层复合破断影响[J]. 岩石力学与工程学报, 2007, 26(4): 699-704

[113] 许家林, 蔡东, 傅昆岚. 邻近松散承压含水层开采工作面压架机理与防治研究[J]. 煤炭学报, 2007, 32(12): 1239-1243

[114] 王晓振. 松散承压含水层下采煤压架突水灾害发生条件及防治研究[D]. 徐州: 中国矿业大学, 2012

[115] 刘伟韬, 李加祥, 张文泉. 顶板涌水等级评价的模糊数学方法[J]. 煤炭学报, 2001, 26(4): 399-403

[116] 王家臣, 杨敬虎. 水沙涌入工作面顶板结构稳定性分析[J]. 煤炭学报, 2015, 40(2): 254-260

[117] 孟召平, 高延法, 卢爱红, 等. 第四系松散含水层下煤层开采突水危险性及防水煤柱确定方法[J]. 采矿与安全工程学报, 2013, 30(1): 23-29

[118] 孟召平, 高延法, 卢爱红. 矿井突水危险性评价理论与方法[M]. 北京: 科学出版社, 2011

[119] 刘盛东, 杨胜伦, 曹煜, 等. 煤层顶板透水水量与地电场参数响应分析[J]. 采矿与安全工程学报, 2010, 27(3): 341-345

[120] 王文学, 隋旺华, 赵庆杰, 等. 可拓评判方法在厚松散层薄基岩下煤层安全开采分类中的应用[J]. 煤炭学报, 2012, 37(11): 1783-1789

[121] 高岳, 隋旺华. 多目标决策法在含水层下开采方案选择中的应用[J]. 煤炭学报, 2011, 36(2): 229-233

[122] 许延春. 综放开采防水煤岩柱保护层的"有效隔水厚度"留设方法[J]. 煤炭学报, 2005, 30(3): 305-308

[123] 许延春, 刘世奇. 水体下综放开采的安全煤岩柱留设方法研究[J]. 煤炭科学技术, 2011, 39(11): 1-4

[124] 钱宁, 万兆惠. 泥沙运动力学[M]. 北京: 科学出版社, 1983

[125] 张书农, 华国祥. 河流动力学[M]. 北京: 水利电力出版社, 1988

[126] Turchaninov I A, Iofis M A, Kasparian E V. Principles of Rock Mechanics[M]. Leningrad: Nedra, 1977

[127] Kratzsch I H. Mining Subsidence Engineering[M]. Berlin: Springer, 1983

[128] Peng S S. Coal Mine Ground Control[M]. New York: Wiley, 1986

[129] Whittaker B N, Reddish D J. Subsidence: Occurrence, Prediction and Control[M]. Barking: Elsevier, 1989

[130] Palchik V. Formation of fractured zones in overburden due to longwall mining[J]. Environmental Geology, 2003, 44(1): 28-38

[131] Wang S F, Li X B, Wang D M. Void fraction distribution in overburden disturbed by longwall mining of coal[J]. Environmental Earth Sciences, 2016, 75(2): 1-17

[132] 煤炭科学研究院北京开采研究所. 煤矿地表移动与覆岩破坏规律及其应用[M]. 北京: 煤炭工业出版社, 1981

[133] 郭惟嘉, 陈绍杰, 常西坤, 等. 深部开采覆岩体形变演化规律研究[M]. 北京: 煤炭工业出版社, 2012

[134] 郭惟嘉, 刘伟韬, 张文泉. 矿井特殊开采[M]. 北京: 煤炭工业出版社, 2008

[135] 郭惟嘉, 陈绍杰, 王海龙, 等. 矿井特殊开采方法[M]. 北京: 科学出版社, 2016

[136] 刘天泉. 矿山岩体采动影响与控制工程学及其应用[J]. 煤炭学报, 1995, 20(1): 1-5

[137] 谭云亮. 矿山压力与岩层控制[M]. 北京: 煤炭工业出版社, 2008

[138] 郭惟嘉, 毛仲玉. 覆岩沉陷离层及工程控制[M]. 北京: 地震出版社, 1997

[139] 王连国, 王占胜, 黄继辉, 等. 薄基岩厚风积沙浅埋煤层导水裂隙带高度预计[J]. 采矿与安全工程学报, 2012, 29(5): 607-612

[140] 缪协兴, 茅献彪, 胡光伟, 等. 岩石(煤)的碎胀与压实特性研究[J]. 实验力学, 1997, 12(3): 394-400

[141] 马占国, 郭广礼, 陈荣华, 等. 饱和破碎岩石压实变形特性的试验研究[J]. 岩石力学与工程学报, 2005, 24(7): 1139-1144

[142] 马占国, 缪协兴, 李兴华, 等. 破碎页岩渗透特性[J]. 采矿与安全工程学报, 2007, 24(3): 260-264

[143] 马占国, 缪协兴, 陈占清, 等. 破碎煤体渗透特性的实验研究[J]. 岩土力学, 2009, 30(4): 985-988

[144] 卜万奎. 采场底板断层活化及突水力学机理研究[D]. 徐州: 中国矿业大学, 2009

[145] 杜春志, 刘卫群, 贺耀龙, 等. 破碎岩体压实渗透非稳态规律的实验研究[J]. 矿山压力与顶板管理, 2004, 1: 109-111

[146] 陈占清, 李顺才, 茅献彪, 等. 饱和含水石灰岩散体蠕变过程中孔隙度变化规律的实验研究[J]. 煤炭学报, 2006, 31(1): 26-30

[147] 马占国, 兰天, 潘银光, 等. 饱和破碎泥岩蠕变过程中孔隙变化规律的试验研究[J]. 岩石力学与工程学报, 2009, 28(7): 1447-1454

[148] 张振南, 缪协兴, 葛修润. 松散岩块压实破碎规律的实验研究[J]. 岩石力学与工程学报, 2005, 24(3): 451-455

[149] 苏承东, 顾明, 唐旭, 等. 煤层顶板破碎岩石压实特征的试验研究[J]. 岩石力学与工程学报, 2012, 31(1): 18-26

[150] 陈晓祥, 苏承东, 唐旭, 等. 饱水对煤层顶板碎石压实特征影响的试验研究[J]. 岩石力学与工程学报, 2014, 33(S1): 3318-3326

[151] 樊秀娟, 茅献彪. 破碎砂岩承压变形时间相关性试验[J]. 采矿与安全工程学报, 2007, 24(3): 260-264

[152] 冯梅梅, 吴疆宇, 陈占清, 等. 连续级配饱和破碎岩石压实特性试验研究[J]. 煤炭学报, 2016, 41(9): 2195-2202

[153] 张季如, 祝杰, 黄文竞. 侧限压缩下石英砂砾的颗粒破碎特性及其分形描述[J]. 岩土工程学报, 2008, 30(6): 783-789

[154] 张季如, 张弼文, 胡泳, 等. 粒状岩土材料颗粒破碎演化规律的模型预测研究[J]. 岩石力学与工程学报, 2016, 35(9): 1898-1905

[155] 郁邦永, 陈占清, 吴疆宇, 等. 饱和级配破碎泥岩压实与粒度分布分形特征试验研究[J]. 岩土力学, 2016, 37(7): 1887-1894

[156] 张超, 展旭财, 杨春和. 粗粒料强度及变形特性的细观模拟[J]. 岩土力学, 2013, 34(7): 2077-2083

[157] 南京水利科学研究院. 土工试验规程: SL 237-1999 [S]. 北京: 中国水利水电出版社, 1999

[158] Bishop W A, Henkel D J. The measurement of soils properties in triaxial test[R]. London: Edward Arnold Ltd., 1962

[159] 黄松元. 散体力学[M]. 北京: 机械工业出版社, 1993

[160] 王海龙. 厚松散层薄基岩采动涌水溃砂致灾基础试验研究[D]. 青岛: 山东科技大学, 2016

[161] 梁军, 刘汉龙, 高玉峰. 堆石蠕变机理分析与颗粒破碎特性研究[J]. 岩土力学, 2003, 24(3): 479-483

[162] 张俊文, 王海龙, 陈绍杰, 等. 大粒径破碎岩石承压变形特性[J]. 煤炭学报, 2018, 43(4): 1000-1007

[163] 汤爱平, 董莹, 谭周地, 等. 振动作用下矿井突水涌砂机理的研究[J]. 地震工程与工程振动, 1999, 19(2): 132-135

[164] 隋旺华, 董青红, 蔡光桃, 等. 采掘溃沙机理与预防[M]. 北京: 地质出版社, 2008

[165] 隋旺华, 蔡光桃, 董青红. 近松散层采煤覆岩采动裂缝水砂突涌临界水力坡度试验[J]. 岩石力学与工程学报, 2007, 26(10): 2084-2091

[166] 隋旺华, 董青红. 近松散层开采孔隙水压力变化及其对水砂突涌的前兆意义[J]. 岩石力学与工程学报, 2008, 27(9): 1908-1916

[167] Dong Q H, Cai R, Yang W F. Simulation of water-resistance of a clay layer during mining: analysis of a safe water head[J]. Journal of China University of Mining and Technology, 2007, 17(3): 345-348

[168] 杨伟峰. 薄基岩采动破断及其诱发水砂混合流运移特征[D]. 徐州: 中国矿业大学, 2009

[169] 杨伟峰, 隋旺华, 吉育兵, 等. 薄基岩采动裂缝水砂流运移过程的模拟试验[J]. 煤炭学报, 2012, 37(1): 141-146

[170] 杨伟峰, 吉育兵, 赵国荣, 等. 厚松散层薄基岩采动诱发水砂流运移特征试验[J]. 岩土工程学报, 2012, 34
　　　 (4): 686-692

[171] 郭惟嘉, 王海龙, 陈绍杰, 等. 一种采动破碎岩体水砂运移试验系统及监测方法: CN201310728748.9 [P].
　　　 2016-08-31

[172] 王海龙, 陈绍杰, 郭惟嘉. 水砂突涌试验系统研制与应用[J]. 采矿与安全工程学报, 2019, 36(1): 76-83

[173] 郭惟嘉, 王海龙, 陈绍杰, 等. 采动覆岩涌水溃砂灾害模拟试验系统研制与应用[J]. 岩石力学与工程学报,
　　　 2016, 35(7): 1415-1422

[174] 郭惟嘉, 王海龙, 李杨杨, 等. 煤层采动诱发顶板涌水溃砂灾害模拟试验系统及监测方法:
　　　 CN201310728093.5[P]. 2014-03-26

[175] 刘亮亮, 王海龙, 刘江波, 等. 低强度相似材料正交配比试验[J]. 辽宁工程技术大学学报: 自然科学版, 2014,
　　　 33(2): 188-192

[176] 左保成, 陈从新, 刘才华, 等. 相似材料试验研究[J]. 岩土力学, 2004, 25(11): 1805-1808

[177] 李宝富, 任永康, 齐利伟, 等. 煤岩体的低强度相似材料正交配比试验研究[J]. 煤炭工程, 2011, (4): 93-95

[178] 崔希民, 缪协兴, 苏德国, 等. 岩层与地表移动相似材料模拟试验的误差分析[J]. 岩石力学与工程学报, 2002,
　　　 21(12): 1827-1830

[179] 翟新献. 放顶煤工作面顶板岩层移动相似模拟研究[J]. 岩石力学与工程学报, 2002, 21(11): 1667-1671

[180] 白义如, 白世伟, 靳钟铭, 等. 特厚煤层分层放顶煤相似材料模拟试验研究[J]. 岩石力学与工程学报, 2001,
　　　 20(3): 365-369

[181] 王洛锋, 姜福兴, 于正兴. 深部强冲击厚煤层开采上、下解层卸压效果相似模拟试验研究[J]. 岩土工程学
　　　 报, 2009, 31(3): 442-446

[182] 李鸿昌. 矿山压力的相似模拟试验[M]. 徐州: 中国矿业大学出版社, 1982

[183] 李晓红, 卢义玉, 康勇, 等. 岩石力学实验模拟技术[M]. 北京: 科学出版社, 2007

[184] 张杰, 林海飞, 吴建斌. 流固耦合相似材料模拟实验及技术[J]. 辽宁工程技术大学学报: 自然科学版, 2011,
　　　 30(3): 329-332

[185] 李树忱, 冯现大, 李术才, 等. 新型固流耦合相似材料的研制及其应用[J]. 岩石力学与工程学报, 2010, 29(2):
　　　 281-288

[186] 李术才, 周毅, 李利平, 等. 地下工程流-固耦合模型试验新型相似材料的研制及应用[J]. 岩石力学与工程学
　　　 报, 2012, 31(6): 1128-1137

[187] 李利平, 李术才, 李树忱, 等. 松散承压含水层下采煤的流固耦合模型试验与数值分析研究[J]. 岩土工程学
　　　 报, 2013, 35(4): 679-690

[188] 黄庆享, 张文忠, 侯志成. 固液耦合试验隔水层相似材料的研究[J]. 岩石力学与工程学报, 2010, 29(s1):
　　　 2813-2818

[189] 张杰, 侯忠杰. 固-液耦合试验材料的研究[J]. 岩石力学与工程学报, 2004, 23(18): 3157-3161

[190] 孙文斌, 张士川, 李杨杨, 等. 固流耦合相似模拟材料研制及深部突水模拟试验[J]. 岩石力学与工程学报,
　　　 2015, 34(s1): 2665-2670

[191] 陈军涛, 尹立明, 孙文斌, 等. 深部新型固流耦合相似材料的研制与应用[J]. 岩石力学与工程学报, 2015,
　　　 34(s2): 3956-3964

[192] 王海龙, 付厚利, 贾传洋, 等. 一种采动覆岩垮裂三维内部空间展布形态模拟方法: CN201510688971.4[P].
　　　 2016-03-09

[193] 胡耀青, 赵阳升, 杨栋. 三维固流耦合相似模拟理论与方法[J]. 辽宁工程技术大学学报: 自然科学版, 2007,
　　　 26(2): 204-206

[194] 张文泉, 刘伟韬, 高延法, 等. 南屯矿 63 ^{上} 10 面综采放顶煤开采覆岩移动变形破坏特征研究[J]. 山东矿业学院学报, 1996, 15(4): 24-28

[195] 黄福昌, 倪兴华, 张怀新, 等. 厚煤层综放开采沉陷控制与治理技术[M]. 北京: 煤炭工业出版社, 2007

[196] 尹增德, 李伟, 王宗胜. 兖州矿区放顶煤开采覆岩破坏规律探测研究[J]. 焦作工学院学报, 1999, 18(4): 235-238

[197] 申宝宏, 孔庆军. 综放工作面覆岩破坏规律的观测研究[J]. 焦作工学院学报, 1999, 18(4): 235-238

[198] 王海龙, 付厚利, 贾传洋, 等. 一种基于应力监测的采动覆岩导水裂隙带高度探测方法: CN201611035110.7[P]. 2017-02-15

[199] 周华强, 侯朝炯, 孙希奎, 等. 固体废物膏体充填不迁村采煤[J]. 中国矿业大学学报, 2004, 33(2): 154-158

[200] 国际岩石力学学会实验室和现场试验标准化委员会. 岩石力学试验建议方法[M]. 北京: 煤炭工业出版社, 1982

[201] 中华人民共和国地质矿产部. 岩石物理力学性质试验规程[M]. 北京: 地质出版社, 1995

[202] 赵才智, 周华强, 瞿群迪, 等. 膏体充填材料力学性能的初步实验[J]. 中国矿业大学学报, 2004, 33(2): 159-161

[203] 郑保才, 周华强, 何荣军. 煤矸石膏体充填材料的试验研究[J]. 采矿与安全工程学报, 2006, 23(4): 460-463

[204] 吴文. 添加絮凝药剂的尾矿砂浆充填材料的单轴抗压强度试验研究[J]. 岩土力学, 2010, 31(11): 3367-3372

[205] 王海龙, 郭惟嘉, 陈绍杰, 等. 煤矿充填膏体力学性质试验研究[J]. 矿业研究与开发, 2012, (4): 8-10

[206] 胡家国. 电厂粉煤灰矿山充填胶凝机理研究及水化反应动力学特征[D]. 长沙: 中南大学, 2004

[207] 方开泰, 马长兴. 正交与均匀试验设计[M]. 北京: 科学出版社, 2001

[208] 曾昭钧. 均匀设计及其应用[M]. 北京: 中国医药科技出版社, 2005

[209] 李云雁, 胡传荣. 试验设计与数据处理[M]. 北京: 化学工业出版社, 2008

[210] 郭惟嘉, 江宁, 王海龙, 等. 膏体置换煤柱充填体承载特性及工作面支护强度研究[J]. 采矿与安全工程学报, 2016, 33(4): 585-591

[211] Zhang J W, Wang H L, Chen S J. Bearing capacity of backfill body and roof stability during strip coal pillar extracted with paste backfill[J]. Geotechnical and Geological Engineering, 2018, 36(1): 235-245

[212] 武强, 董书宁, 张志龙. 矿井水害防治[M]. 徐州: 中国矿业大学出版社, 2007

[213] 桂和荣, 陈陆望, 宋晓梅, 等. 厚松散层覆盖区浅部煤层开采防水防砂技术研究[M]. 徐州: 中国矿业大学出版社, 2015